最後の国鉄電車ガイドブック

写真 広田尚敬　文 坂 正博・梅原 淳・栗原 景

誠文堂新光社

国鉄技術の粋を集めた
新幹線

国鉄が誇った豪華新幹線100系 三島〜静岡間（現・三島〜新富士間）

上越国境に向かう上越新幹線 高崎～上毛高原間

A. 新幹線のシンボル、0系 新横浜～小田原間
B. 100系の3人用個室グリーン車
C. 眺望抜群の100系二階建て食堂車
D. 0系の初代ビュフェ

国鉄随一の人気特急「くろしお」 紀勢線新宮〜三輪崎間

全国を駆け抜けた
特急形電車

昼夜を問わず走り続けた寝台電車583系 東北線北高岩〜八戸間　　　北陸トンネルを抜けるエル特急「雷鳥」 北陸線敦賀〜南今庄間

583系は日中は座席特急として（左）、夜は寝台特急として活躍（右）　　　ベンチシートが並ぶモハ489形

修学旅行専用の167系 東海道線根府川〜真鶴間

北陸の顔として活躍した455系 北陸線新疋田〜敦賀間

ボックスシートが並ぶ
急行形車両（169系）

碓氷峠を越えた169系 信越線信濃追分〜御代田間

伝統の
急行形電車

近郊形標準のセミクロスシート（クハ111形）　特急普通車に似ているグリーン車（サロ113形）

都市の広がりを支えた
近郊形電車

長年にわたって活躍した115系　中央線鳥沢〜猿橋間

毎日の足「国電」
通勤形電車

色鮮やかな国電が大都市を走っていた（103系）　田町駅

A. 1957（昭和32）年に登場した101系の車内
B. 201系の車内。基本的な構造は101系と同じだが、1人分のスペースを明示した
C. 視界が広すぎて運転士が怖さを感じるほどだったという101系の運転席

大手私鉄と争ってきた関西の国電 山陽線須磨〜塩屋間

A　　　　　　　　B　　　　　　　　C

はじめに

『最後の国鉄電車ガイドブック』が完成し、とても満足しています。

私と形式写真の組み合わせに、奇異を感じる方もいるかもしれませんが、そもそも鉄道写真との付き合いは、形式写真からなのです。折から機芸出版社で日本初の鉄道写真コンクールがあり、恐る恐る応募した都電の形式写真の入賞が、すべての始まりでした。

以来、形式写真では世界屈指の、西尾克三郎さんとも親しくお付き合いいただきました。数々の名作を生み出した機材一式は、晩年にお預かりし、お守りしています。

今回の形式写真は、その西尾さんの精神を受け継ぎました。西尾さんのじっくり取り組む姿勢に対し、私の場合はスピード撮影。現場対応の時代変化があるなかで、出来る限りの資料性重視が共通点です。

最後に本書制作にあたり、坂さん、梅原さん、栗原さんはじめ、皆さんにお世話になりました。特に坂さんは、この形式撮影すべてをアレンジし、同行してくれました。この場を借りて感謝申し上げます。

この本、ぼろぼろになるまでご活用ください。

広田尚敬

広田さんが、国鉄電車の形式写真の撮影を開始されたのは、国鉄が民営化の流れに向かって進みはじめていた時代の1985（昭和60）年。国鉄からJRへと経営形態が変わった1987（昭和62）年3月31日に撮影を終了しています。
　その当時の国鉄電車は、「新性能電車」として誕生したグループの置き替えが始まった頃でした。続く第二世代の直流電車、交直流電車、交流電車が主力となり、日本全国に運転網を形成、活躍していた時代でした。そして電気機器はチョッパ制御、界磁添加励磁制御と最新機器へと移行、現在では当たり前のVVVFインバータ制御が、トランジスタ式ではあったものの、登場したのもこの頃です。旧型国電もわずかでしたが在籍していました。
　当時の国鉄電車の総両数は、1985年4月1日現在で18,311両、1987年4月1日現在で18,271両でした。ちなみに2017年4月1日現在のJRグループトータルの両数は22,875両と、電車はさらにさらに増えています。
　広田さんが、形式写真を中心に撮られていたとき、こちらは日本全国に散在する国鉄電車の車両基地や、主要駅に同行させて頂いて車両形式、各番台の違い、特徴をつぶさに「観察」できたことが大きな財産となったと認識しています。

坂　正博

目　次

御茶ノ水〜神田間・聖橋を望む

はじめに ………………… 12
国鉄形電車の基礎用語 ……… 14

新性能電車
直流電車
通勤形
　101系 ………………… 16
　103系 ………………… 26
　105系 ………………… 38
近郊形
　111・113系 …………… 40
　115系 ………………… 56
　117系 ………………… 72
　119系 ………………… 78
　121系 ………………… 80
　123系 ………………… 82
事業用
　直流事業用車・試験車 …… 83

急行形
　157系 ………………… 90
　165系 ………………… 92
　167系 ………………… 102
　169系 ………………… 104
特急形
　183系 ………………… 108
　185系 ………………… 120
　189系 ………………… 130
通勤形
　201系 ………………… 138
　203系 ………………… 148
　205系 ………………… 156
　207系 ………………… 164
近郊形
　211系 ………………… 166
　213系 ………………… 178

通勤形
　301系 ………………… 182
特急形
　381系 ………………… 188

交直流電車

近郊形
　401・403系 …………… 198
　413系 ………………… 204
　415系 ………………… 206
　417系 ………………… 216
　419系 ………………… 220
　421・423系 …………… 224
急行形
　451・453系 …………… 228
　455系 ………………… 234
　457系 ………………… 240
　471系 ………………… 242
　475系 ………………… 244
特急形
　481・483・485系 ……… 246
　489系 ………………… 278
事業用
　交直流事業用車・試験車 … 292
特急形
　581・583系 …………… 298

交流電車

近郊形
　711系 ………………… 310
　713系 ………………… 320
　715系 ………………… 322
　717系 ………………… 330
事業用
　交流事業用車 ………… 336

特急形
　781系 ………………… 338

旧性能電車

旧性能電車 ……………… 346

新幹線電車

東海道・山陽新幹線用
　0系 …………………… 352
　100系 ………………… 380
東北・上越新幹線用
　200系 ………………… 398
事業用
　新幹線試験車 ………… 410
　961形 ………………… 413

主要諸元表 ……………… 418
おわりに ………………… 447

国鉄形電車の基礎用語

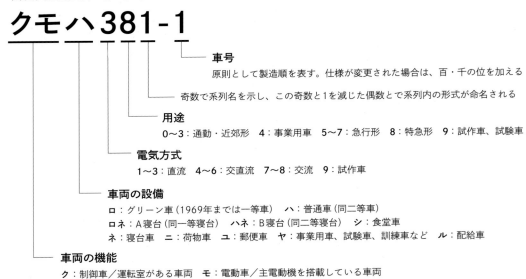

MM′ユニット

２両の電動車をペアで使用する国鉄以来の電車方式。主制御器、パンタグラフ、電動発電装置などの機器類を、２両に分散して搭載する。通常、主電動機を制御する機器を搭載した車両を「M車」、補助的な機器を搭載した車両を「M′車」と呼ぶ。全ての機器を１両の電動車・制御電動車に搭載することは「1M方式」と言う

4M2T

編成中の電動車／制御電動車（M=motor car）、制御車／付随車（T=trailer）の数を表す。例の場合は電動車／制御電動車が４両、制御車／付随車が２両の６両編成を表す

前位／後位

車両の前後を表す用語で、運転室がある車両は、運転席側が前位、反対側が後位。中間車は、「車内で制御回路の引き通し線が左側に来るよう立った時の前方」が前位というのが原則だが、外観から判断するのは難しい。本書に掲載した形式図では一部の制御車などを除き左が前位

１位／２位／３位／４位

車両の四隅の呼び方。前位側に向かって立ち、前方右側が１位、前方左側が２位。後方右側が３位、後方左側が４位

奇数向き／偶数向き

編成の向きを表す言葉。路線ごとに決まっており、概ね東・北向きが奇数向き、西・南向きが偶数向きとなるが例外もある

主電動機

電車の動力を発生させるモーター。通常、電動車・制御電動車１両に４基搭載されている

電動発電装置

補助回路および制御回路の機器に電力を供給する装置で、電動機によって発電機を駆動して電力を得る

電動空気圧縮機

空気機器の動力源となる圧縮空気を電動機によってつくる機械

クモハ110-199 1986(昭和61)年4月25日 中原電車区矢向派出所

101系
国鉄新性能電車の礎を築いた

1957(昭和32)年度から1968(昭和43)年度までに1535両が製造された、国鉄初の新性能電車だ。開発当初は「モハ90形」と呼ばれた。カルダン駆動や発電ブレーキ、軽量車体などの新技術が投入され、カラフルな国電カラーが施されるなど、国鉄新性能電車の基礎を築いた。

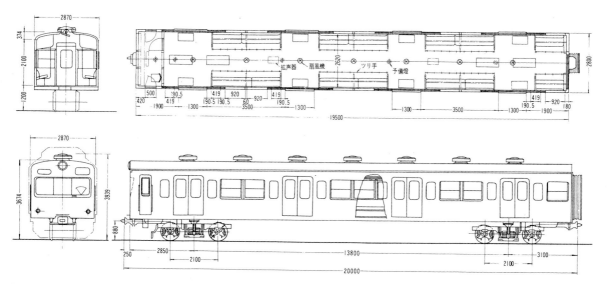

クモハ101形 0番台

　101系の、制御装置を搭載しパンタグラフを装備しない制御電動車（Mc車）。車体全長は旧型国電の72系と同じ20mであるが、この101系からは乗降扉を両開きに変更。両開き片側4扉、ロングシートというスタイルは、以降に登場した通勤車両の基本となり、E235系など現代の最新車両に受け継がれている。

　新製時は、モハ90形500番台の奇数車を名乗っていたが、1959（昭和34）年6月に国鉄の形式称号が変わり、この形式となった。最初に登場した試作車は900番台を名乗ったが、登場時は前面窓が量産車よりも大きかった。

　写真のクモハ101-199は、1966（昭和41）年2月17日に日本車輛にて落成、中央線快速用として武蔵小金井電車区に配属された。1972（昭和47）年7月に、冷房装置を取り付けたうえで豊田電車区に移動、特別快速を中心に使われた。1981（昭和56）年10月8日に南武線用として中原電車区に移った。写真は、車体色が朱色から黄色に変更されて南武線で活躍していた頃のものだ。1979（昭和54）年12月には、大井工場で、前照灯（前部標式灯）がレンズと反射板を組み込んだシールドビームに変更された。この頃は、前照灯を白熱灯よりも明るく、2灯化した車両が多かった。

クモハ100-182 1986(昭和61)年4月25日 中原電車区矢向派出所

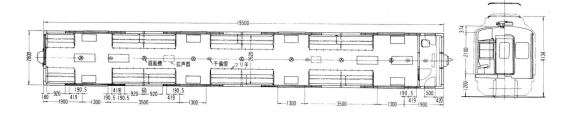

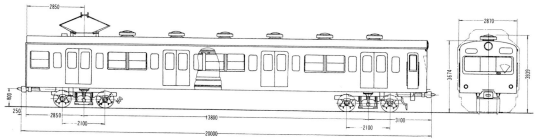

101系

クモハ100形 0番台

　モハ101形とユニットを組む、パンタグラフ付き制御電動車（M'c車）。新製時はモハ90形500番台の偶数車を名乗った。クモハ101形が、東海道本線を例にすると東京方の先頭車だったのに対し、このクモハ100形は大阪方の先頭車である。国鉄新性能電車は、奇数形式の電動車に制御装置を搭載し、1つの制御装置で8個のモーターを制御した。これとユニットを組む偶数形式は、基本的に制御装置を搭載しなかった。

　写真のクモハ100-182は、1963（昭和38）年11月12日に川崎車輌にて落成した車両だ。当初は津田沼電車区に配属され、中央・総武線各駅停車に充当された。1972（昭和47）年8月に豊田電車区に移動し、車体色も黄色から朱色に替わって中央線特別快速を中心に使用。

1981（昭和56）年8月25日に中原電車区に移り、車体色を再度黄色に変更して南武線で使用された。

　現在では考えられないが、当時、車体色の変更は、移動した時ではなく定期検査と同時に行われるのが基本であった。そのため、南武線の黄色に変更されたのは1983（昭和58）年3月で、それまでの約1年半は、中央線の朱色のまま南武線を走っていた。

モハ101-260　1986（昭和61）年3月4日　淀川電車区

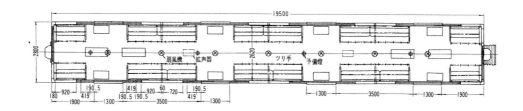
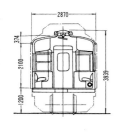
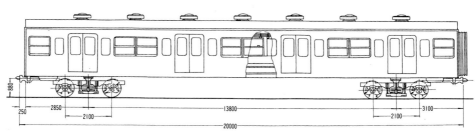

モハ101形0番台

　パンタグラフのない電動車（M車）。デビュー当初はモハ90形0番台の奇数車を名乗った。運転室の有無を除くと、機器はクモハ101形とほぼ同じで、主抵抗器や誘導分流器といった機器を備える。運転室を備えるクモハ100形とユニットを組んだほか、同じ中間車であるモハ100形とユニットを組んだ車両もあった。

　写真のモハ101-260は、1965（昭和40）年11月18日に川崎車輌にて落成。森ノ宮電車区に配属され、大阪環状線で活躍した。その後、大阪環状線に103系の増備が進んだため、1976（昭和51）年10月24日に淀川電車区に転属。片町線（現在の通称・学研都市線）での使用が中心に変わったが、当時は淀川電車区でも大阪環状線の運用があったため、大阪環状線でもその姿を見ることができた。なおこの車両は、冷房装置が取り付けられなかったためJRには承継されず、国鉄分割民営化直前の1987（昭和62）年2月24日に廃車となった。

　101系は2003（平成15）年にJRから引退したが、クモハ100形、モハ101形、クハ101形の3両編成12本が秩父鉄道に譲渡され、2014（平成26）年まで使用された。57年間、日本の通勤輸送を支え続けた名車である。

モハ100-251 1986(昭和61)年4月25日 中原電車区矢向派出所

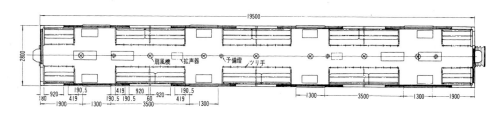

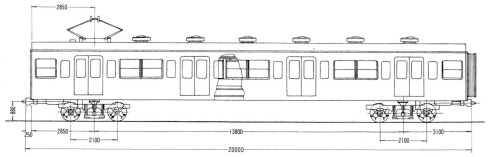

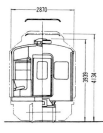

101系

モハ100形0番台

　クモハ101形やモハ101形とユニットを組んだ、制御装置を搭載しないパンタグラフ付き電動車（M'車）。デビュー時はモハ90形0番台の偶数車を名乗った。昭和30年代、国鉄は激増する通勤客輸送への対策に試行錯誤を続けており、101系も製造年次によって網棚手前に掴み棒を増設したり、枕木方向につり革を増設したりと、混雑対策を行っていた。

　写真のモハ100-251は、1966（昭和41）年2月17日に日本車輛にて落成した車両で、中央線快速用として武蔵小金井電車区に配属された。冷房装置取付改造が行われた1976（昭和51）年12月に豊田電車区に移動、1980（昭和55）年9月13日に南武線用として中原電車区に転属。車体色が南武線の黄色に変更されたのは、1982（昭和57）年3月で、それまでは朱色のまま走っていた。国鉄末期は、転籍前の塗装のまま使用される車両が増え、複数の塗色が交じった編成も見られた。廃車は、1991（平成3）年4月1日。

　なお、モハ100形およびクモハ100形には、中央本線のようなトンネルの断面が小さな路線でも走行できるよう、パンタグラフ取付箇所のみ屋根を174㎜低くした800番台も在籍していた。

クハ101-76 1986（昭和61）年4月27日 中原電車区

クハ100-91 1986（昭和61）年4月22日 中原電車区

クハ101形0番台

　101系は、当初10両編成をすべて電動車として、中央線での運転を想定していた。しかし、電力消費量が大きく、変電所の容量などの問題から性能を発揮できず、量産車になってからは中間に付随車2両を連結した8M2Tとなった。さらに付随車4両の6M4T運転とするため1960（昭和35）年に登場したのがこのクハ101形である。山手線への103系投入によって捻出された6M2Tの8両編成に、このクハ101形とクハ100形を組み合わせて7＋3両運転が可能な6M4Tの10両編成を組成していた。

　写真のクハ101-76は、1967（昭和42）年11月24日に汽車会社で製造、津田沼電車区に配属。1979（昭和54）年6月19日に中原電車区に移動し、JR発足時は南武線で活躍していた。

クハ100形0番台

　クハ101形とともに1960（昭和35）年8月に登場した制御車（Tc車）で、101系として最後に加わった形式である。開発時点では、国鉄は将来のオール電動車化を諦めておらず、パンタグラフ取付台を設けていた。しかし激増する通勤需要は、電力消費の大きいオール電動車化を許さず、1964（昭和39）年9月増備のクハ100-25以降はクハ101形と同じスタイルに変わった。

　写真のクハ100-91は最終増備車にあたる車両で、1968（昭和43）年から津田沼電車区所属の中央・総武線各駅停車用として活躍した。1978（昭和53）年7月に冷房装置を設置し、1979（昭和54）年4月3日に中原電車区に転属して南武線の冷房化率アップに貢献。JR発足後の1989（平成元）年まで走り続けた。

サハ101-118 1986(昭和61)年3月4日 淀川電車区　　　　サハ100-106 1987(昭和62)年1月9日 中原電車区矢向派出所

サハ101形 0番台

　オール電動車化に問題が生じたため製造された付随車(T車)。初期の車輛は、将来の電動車化を見据えた設計となっていたが、1962(昭和37)年以降は完全な付随車として製造された。
　サハ101-118は、1965(昭和40)年11月18日に川崎車輛にて製造後、森ノ宮電車区に配属されて大阪環状線で活躍。その後1976(昭和51)年10月24日に淀川電車区に転属して片町線での使用が中心となった。この時期、大阪環状線は4M2Tの6両編成、片町線は4M1Tの5両編成であった。JR西日本に承継後、再度、森ノ宮電車区に移動した後、1990(平成2)年3月3日に廃車された。なお、サハ101形には、電動発電装置、電動空気圧縮機を搭載した200番台も在籍していた。

サハ100形 0番台

　将来の電動車化を見据えてサハ101形と同時に登場した付随車(T車)で、サハ101形と比べて通風機が1つ少なく、パンタグラフ取付台座、踏板があった。この構想はやがて消滅し、後年台座・踏板を撤去する工事が行われ、この違いも興味の対象となっていた。
　写真のサハ100-106は、サハ100形0番台の最後に投入された1両で、1963(昭和38)年6月22日に日本車輛にて製造。山手線、中央・総武線各駅停車、中央線快速電車、南武線などを歴任した。サハ100形のなかでも2両しかない、冷房装置取付工事を受けた貴重な車両で、1990(平成2)年10月1日に廃車となるまで活躍した。

101系

クハ103-52　1986（昭和61）年2月28日　日根野電車区

103系
高度経済成長期を支えた標準型通勤電車

101系は変電所への負荷が大きく、本来の性能を発揮できなかったことから、より経済的な「標準型通勤電車」として1963（昭和38）年に登場した車両だ。1984（昭和59）年までの21年間に約3500両が製造された、「国電」の代名詞的存在で、2017年現在もJR西日本とJR九州で最後の活躍をしている。

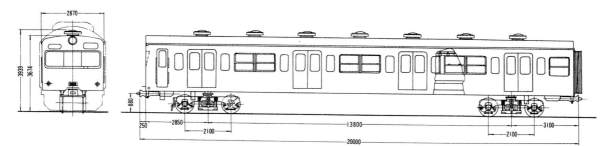

103系

クハ103形 0番台

　103系量産車最初期の制御車（Tc車）。クハ101形などと比べると、運転室正面の窓が若干小さく、高くなった。これは、101系の前面窓が大きすぎて、高速走行時に運転士が圧迫感を感じることがあったための改良だ。

　1972（昭和47）年2月に登場したクハ103-180からは、窓が、車体とは別に組み立てて取り付けるユニット窓に変更されたほか、前照灯（前部標識灯）もシールドビーム2灯化。1973（昭和48）年1月以降に新造されたクハ103-213からは、新製時からAU75B形冷房装置を搭載した。初期の車両は前面下部に運転室への通風窓が設置され、101系との大きな違いになっていたが、風が入り過ぎるため廃止され、初期製造車も後に塞がれた。

　写真のクハ103-52は、1965（昭和40）年4月1日に東急車輛で製造され、山手線用として池袋電車区に配属された。1974（昭和49）年2月23日に、鳳電車区に移動して阪和線で活躍。車体色はウグイスから青に変更となった。1978（昭和53）年10月1日に、新設された日根野電車区に移動し、1981（昭和56）年6月11日には冷房が設置された。JR西日本に承継後、1999（平成11）年7月に廃車。

クハ103-771　1986（昭和61）年5月27日　山手電車区

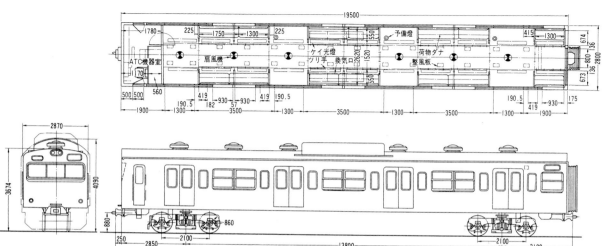

クハ103形 269〜

　山手線、赤羽線、京浜東北・根岸線にATC(自動列車制御装置)を導入するために、必要な機器を搭載した車両で、このグループから前面スタイルが高運転台タイプに変更された。前面窓が高い位置にある、昭和50年代以降お馴染みとなった顔を備えている。また、ATC機器を搭載したため、運転室後位側の戸袋窓がないことが特徴だ。

　写真のクハ103-771は、1979(昭和54)年5月8日に川崎重工で製造された車両で、山手線用として池袋電車区に配属。JR発足時は品川の山手電車区に所属して山手線を休まず走り続けていた。JRに承継後の1988(昭和63)年、豊田電車区に移って青梅・五日市線用となり、1991(平成3)年に廃車された。

　このグループは、クハ103-269以降に製造された車両が該当するが、登場時すでに500番台が在籍していたため、499の次は701へ車号が飛んでいる。さらに797以降の車両は、ATC機器を搭載せず、運転室後位の戸袋窓が復活。中央・総武線各駅停車などに投入された。こうした細かい差異を比較することも、趣味の対象となっていた。また、この最後期グループは、体質改善工事を受けて、2017年月現在もJR西日本大和路線などで活躍中だ。

クモハ103-25 1986(昭和61)年9月25日 陸前原ノ町電車区

クモハ103形 0番台

　京浜東北線への103系投入に合わせて製造された制御電動車(Mc車)。当初、山手線の103系は8両固定編成で運転されていたが、京浜東北線は検修施設の都合から7両+3両編成で運転するため、このクモハ103形と、偶数向きのクハ103形500番台が新たに誕生した。一部の車両は常磐線に新製配置されたほか、短い3両編成で運転できることから、輸送需要が少ない各地で使用された。

　写真のクモハ103-25は、1965(昭和40)年11月1日川崎車輌で製造され浦和電車区に配属された車両だ。京浜東北線も山手線と同様にATCを使用することになったため、1977(昭和52)年9月3日に豊田電車区に移動、青梅・五日市線用として車体色も朱色に変更された。1980(昭和55)年3月15日には仙石線用に転じ、運転席後位の戸袋窓を埋めるなどの工事を実施。陸前原ノ町電車区所属になった。廃車は1990(平成2)年11月9日。

クモハ102-1202　1986(昭和61)年4月23日　三鷹電車区

クモハ102形 1200番台

　営団地下鉄(現・東京地下鉄)東西線乗り入れ用に製造されたグループ。地下鉄乗り入れ用として1966(昭和41)年に登場した301系が、アルミ製車体を採用するなどコストがかさんだため、その増備用として登場した。地下鉄の基準に合わせて貫通扉の設置や一部機器の不燃・難燃化などが施されている。

　写真のクモハ102-1202は、1972(昭和47)9月9日に日本車輌で製造されて三鷹電車区に配属。営団地下鉄は1988年までトンネル冷房を推進していたため冷房装置取付改造が遅れ、特に地上を走る中央線乗り入れ区間では、時代遅れの電車として評判が悪かった。JR東日本承継後、ようやく冷房が取り付けられ、1991(平成3)年10月29日に松戸電車区に移動。1200番台のみの5両編成を組成して、常磐線快速の付属編成として使われた。廃車は1993(平成5)年12月1日。

モハ103-232　1987（昭和62）年3月28日　湊町（現・JRなんば）駅

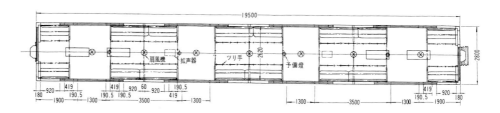

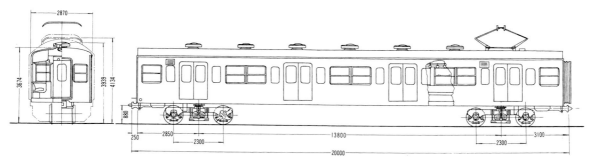

モハ103形0番台

 パンタグラフ、主制御器、主抵抗器などを装備した電動車（M車）。外観・車内設備とも、101系後期型とほぼ同じだが、ポイントは戸袋窓上部各2カ所に設けられた通風口だ。これは客室向けではなく、床下機器の冷却風を取り入れるためのもので、線路からの埃や水滴などを吸い込まないよう、車体上部に設けられた。当時の国鉄技術陣が、細かい試行錯誤を繰り返していたことがうかがえる。

 写真のモハ103-232は、1969（昭和44）年に製造され関西地区に投入。当初は東海道・山陽緩行線の旧型国電を置き換え、4M3T（電動車4両＋付随車3両）の7両編成の中間車として活躍した。1984（昭和59）年12月6日に日根野電車区に、1985（昭和60）年3月14日には奈良電車区に移動。JR化後の1990（平成2）年、電装品を撤去してサハ103-2501に改造され、同時にようやくJR西日本開発のWAU102形冷房装置を設置したが、JR西日本に承継された車両としては早い1993（平成5）年に廃車となった。なお、改造後のサハ103形2500番台はこの1両しか存在せず、稼働期間も3年ほどと短かったため貴重な存在だ。屋根にはパンタグラフを撤去した跡が残っていた。

モハ103-460 1986(昭和61)年3月1日 奈良電車区

モハ103形 282〜

　20年以上にわたり製造された103系は、製造時期によって様々な改良が施された。1972(昭和47)年2月以降に新製された、モハ103-282からは、窓をユニット窓に変更。1973(昭和48)年1月以降に新造のモハ103-331からは新製時からAU75形冷房装置を搭載した。シートも、座面を若干低く、奥行きも延長して座り心地を改善している。

　写真のモハ103-460も新製時から冷房を搭載した車両だ。1974(昭和49)年3月18日に製造されて高槻電車区に配属、9年間東海道・山陽本線で活躍した。1983(昭和58)年に日根野電車区に転属、車体色を関西線(現・大和路線)用のウグイス色に変更。1985(昭和60)年には奈良電車区に移動して、ここでJR発足を迎えた。40年近く関西地区を走り続け、2011(平成23)年6月16日に廃車となった。なお、同車はN40工事(40年延命工事)を受けた車両の1両である。

モハ102-81　1985（昭和60）年12月3日　神領電車区

モハ102形 0番台

　モハ103形、クモハ103形とユニットを組む電動車（M'車）である。0番台の量産車は、1964（昭和39）年5月に登場、1984（昭和59）年1月まで製造が続けられた。899まで製造した時点で900・910・1000・1200の各番台が存在したため車号が2001まで飛び、最終的に2050まで製造された。1972（昭和47）年からユニット窓を、1973（昭和48）年からは本格的に冷房装置を装備したのは、モハ103形などと同様だ。

　写真のモハ102-81は1965（昭和40）年から京浜東北・根岸線で使用された初期型の車両。その後、1977（昭和52）年2月に神領電車区に転属して名古屋地区の中央線にて活躍。ここでJR発足を迎えた。JR東海に承継された後の1988（昭和63）年3月に、JR東海が新開発したC-AU711A形インバータ式の冷房装置を装着したが、老朽化が進んだため2000（平成12）年4月に廃車となっている。

クハ103-1010　1986(昭和61)年4月17日　松戸電車区我孫子派出所　　　　クハ103-1502　1986(昭和61)年1月28日　唐津運転区

クハ103形1000番台

　営団地下鉄(現・東京地下鉄)千代田線乗り入れ用のグループで32両が製造され、8M2T(電動車8両＋付随車2両)の10両編成で運転された。地下鉄の「A-A規準」に沿って貫通扉の設置や機器類の難燃化・不燃化が施されたほかは基本番台とほぼ同じ構造だったが、千代田線用ATC装置を搭載したため運転室が広がり乗務員扉横の窓がなくなった。写真のクハ103-1010は千代田線乗り入れが始まった1971(昭和46)年に松戸電車区へ配属。1985(昭和60)年7月には1000番台として初めて冷房を装備した。JR発足時も常磐線、千代田線で活躍していたが、1989(平成元)年に三鷹電車区に移動。2003(平成15)年まで東西線を走り続けた。

クハ103形1500番台

　1983(昭和58)年3月22日の、筑肥線姪浜〜西唐津間の電化、福岡市地下鉄相互乗り入れ開始を機に6両編成9本が製造されたグループ。この頃すでに201系や203系といった新型車両が登場していたが、駅間の長い筑肥線が103系の特性に合っているとして103系が新製された。車内や側面は201系に準拠した設計で、前面窓下の前照灯や貫通扉など、独得の外観を備えている。写真のクハ103-1502は、1982(昭和57)年8月25日に日立製作所で製造された1両。JR九州に承継後は、車体色を青から赤ベースに変更、地下鉄のATO(自動列車運転装置)を搭載した305系に道を譲り、2015(平成27)年2月20日に廃車された。

クハ103-3003　1986(昭和61)年9月1日　川越電車区

サハ103-179　1985(昭和60)年10月9日　豊田電車区

クハ103形 3000番台

　3000番台は、仙石線で使われていた旧型国電クハ79形600番台（奇数）＋モハ72形970番台（奇数）＋モハ72形970番台（偶数）＋クハ79形600番台（偶数）の4両編成を、国鉄末期に機器更新をして、103系に組み込んだグループで、当初は3両編成。クハ103形3000番台は元クハ79形600番台（奇数）。写真のクハ103-3003は、1986(昭和61)年9月26日、クハ79605から改造、川越電車区に配属されて川越線川越〜高麗川間で使用された。元は昭和20年代に製造された老兵だったが、最終的に2005(平成17)年に廃車されるまで、半世紀以上にわたって日本の戦後を走り続けた。偶数番台のクハはクモハ102形3000番台になっている。

サハ103形 0番台

　103系の付随車（T車）。101系のサハ101形が将来の電動車化を念頭に置いた設計だったのに対し、こちらは純然たる付随車で、床下機器も少なくすっきりとしている。車体側面の通風口もない。モハ103形などと同様、1972(昭和47)年から窓がユニット窓に、1973(昭和48)年からは新製時からAU75形冷房装置を搭載するようになった。サハ103-179は初期のタイプで、1967(昭和42)年に川崎車輛で製造。京浜東北・根岸線、青梅・五日市線などで活躍した。なお、サハ103形にはサハ101形から改造された車両もあり、750番台を名乗った。

103系

クモハ105-26 1986（昭和61）年1月23日 宇部電車区

105系
地方路線近代化の立役者

輸送需要の少ない地方路線の旧型電車を置き換えるため、電動車1両にすべての機器を搭載した1M方式として開発された系列。主電動機や台車は103系に準じている。

クモハ105形0番台

　2両単位で効率よく運行できるよう、機器をすべて搭載した1M方式の制御電動車（Mc車）。103系の親戚にあたる系列だが、乗降扉が輸送需要に合わせて片側3つであることも特徴である。クモハ105形は1981（昭和56）年1～3月に27両製造された。

　写真のクモハ105-26は、1981年2月24日に日立製作所にて製造、宇部電車区に配属。宇部線や小野田線で使われていた戦前型旧型国電を置き換えた。

クハ105-102 1986(昭和61)年2月3日 広島運転所

クハ104-12 1986(昭和61)年1月22日 下関運転所

クハ105形100番台

　桜井・和歌山線の電化に際して、2両で運行できるよう103系のクハ103形から改造されたグループ。乗降扉は片側4つ。4扉車は、ほかにサハ103-66を改造したクハ104-601をはじめ、JR東日本に承継された車両も4両ある。貫通扉を装備しなかったために前面形状は103系時代をほぼ踏襲している。写真のクハ105-102は、山手線で使用されたクハ103-11を種車に1984(昭和59)年7月31日に改造された車両で、晩年は可部線で使用された。改造車には、このほかクハ103形1000番台を改造したクハ105形1000番台、モハ103形・モハ102形1000番台改造のクモハ105形500番台、モハ102形1000番台改造のクハ104形500番台がある。

クハ104形0番台

　クモハ105形とペアで使用された新造の制御車。片側3扉で、運転席まわりは201系が採用して好評を得たブラックフェイスとなっている。前面上部中央に方向幕が設置され、前照灯(前部標識灯)は窓下左右に配置された。筑肥線に投入された103系1500番台にも通じるデザインだ。
　写真のクハ104-12は、1981(昭和56)年2月3日、近畿車輛で製造された車両で、宇部電車区に配属され、1986(昭和61)年3月3日の区所統合にて下関運転所に移管となった。JR化後はWAU102形冷房装置3基を搭載、2017年現在も健在だ。同グループは余剰となった2両を除き9両が現役。宇部線の主力として活躍している。

105系

クハ111-410 1986(昭和61)年3月1日 奈良電車区

111・113系
国鉄近郊形電車のスタイルを確立

「新湘南型」として1962(昭和37)年に登場した直流近郊用電車。両開き片側3扉、セミクロスシート、貫通扉という、現在までの近郊用電車の基本スタイルを定着させた形式だ。113系は、111系の高出力版である。

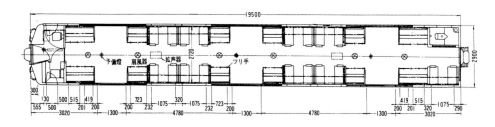
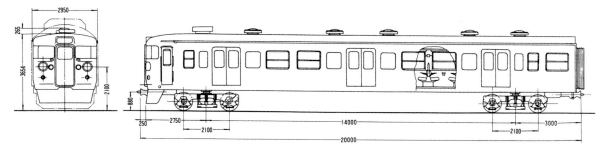

クハ111形 300番台

　111・113系の制御車（Tc車）。0番台は奇数向き（東海道本線なら東京方）、300番台は偶数向き（同大阪方）で、300番台は通常なら電動車に搭載される電動空気圧縮機を搭載していた。

　111系が登場した頃、東海道本線東京口は通勤輸送が激増しており、従来のデッキ付き片開き片側2扉では乗客をさばききれなくなっていた。そこで、車体設備は一足先に常磐線や山陽本線、鹿児島本線などに投入された交直両用の401系や421系を踏襲。両開き片側3扉、4人掛けクロスシートとドア横のロングシートを組み合わせたセミクロスシートという構造を取り入れた。通勤輸送用のためクロスシートの幅は930mmと、急行形の1,095mmよりも狭い。

　写真のクハ111-410は、京阪神地区に投入された車両で300番台の一員。1966（昭和41）年2月に製造。高槻電車区に配属されて東海道・山陽本線快速線で使用された。1976（昭和51）年3月に鳳電車区に移動して阪和線などで活躍、同年7月には冷房装置を取り付けた。1985（昭和60）年、奈良電車区に移って赤帯塗装となり、ここで国鉄分割民営化を迎えた。

モハ111-61 1986(昭和61)年1月22日 下関運転所

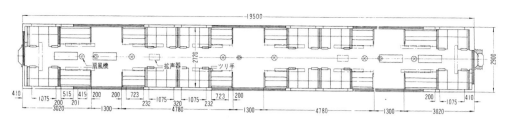
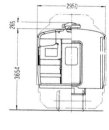
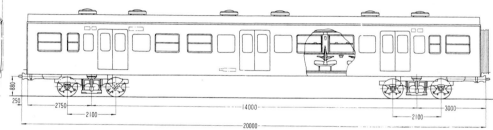

モハ111形0番台

　1962（昭和37）年、国鉄の新性能近郊用直流電車として最初に登場したグループで、パンタグラフを持たない電動車（M車）である。20m車、乗降扉は両開き片側3扉、貫通型という、1960（昭和35）年登場の401系電車のスタイルを踏襲し、以降、これが近郊用通勤電車の標準設備となる。主電動機は101系と同じ出力100kWのMT46形を搭載していたが、歯車比は5.6に対して4.82と低くして、駅間距離の長さに対応していた。しかし、製造開始からわずか1年半で165系と同じ120kWのMT54形を装備した113系へ移行したため、モハ111形はモハ110形とともに、1963（昭和38）年2月に落成したモハ111-64にて製造が打ち切られている。

　写真のモハ111-61は、1962年9月29日に近畿車輛にて製造、大船電車区に配属、東海道本線を走った。1974（昭和49）年12月2日に広島運転所に転属。山陽本線（広島〜下関間）、呉線にて旧型国電の80系、70系に替わる車両として走りはじめ、1978（昭和53）年4月21日には下関運転所に移動、国鉄最後のダイヤ改正を目前に控えた1986（昭和61）年10月22日に廃車となった。

モハ110-61 1986(昭和61)年1月22日 下関運転所

モハ110形0番台

　モハ111形とユニットを組む電動車(M'車)。車内設備はモハ111形と同様で、制御装置を搭載しない一方、パンタグラフを装備していた。写真のモハ110-61は、P42のモハ111-61とユニットを組んでおり、製造から転属、そして廃車に至るまでの歩みはすべて同じである。

　111系の電動車の大半はJR発足前に廃車となっており、JRに承継されたのは、JR四国の4ユニットのみである。承継されなかったのは、111系は出力100kWの主電動機を搭載しており、冷房装置取付改造も行われなかったからであろう。100kWの主電動機は、元祖国電の101系や直流特急電車151系などに使われたが、パワーが不足していた。当時の国鉄では延命工事、車両更新工事を受けていない車両は25年で廃車となることが基本で、111系も裾まわりが波状に劣化した例が見られた。

クハ111-1017 1986(昭和61)年6月3日 国府津電車区

クハ111-2014 1986(昭和61)年3月8日 網干電車区

クハ111形1000番台

　113系1000番台は、東京駅地下総武線ホームに乗り入れるため、地下鉄車両と同様に、不燃化・難燃化が図られたA-A基準を踏まえて製造されたグループである。ただし、1974(昭和49)年以降は、北陸トンネル列車火災事故を受けてA-A基準相当が必須となっていく。

　写真のクハ111-1017は、1972(昭和47)3月3日に汽車会社で製造され、大船電車区に配属された。この車両からは前照灯がシールドビームに変わり、「目玉」が小さくなった。緑とオレンジの湘南色と相まって、ファンが111・113系と聞いて思い浮かべる標準的なスタイルだ。前面の緑が、中央の貫通扉に向かって斜めに落ちるVカットが111・113系の目印だ。

クハ111形2000番台

　1978(昭和53)年3月にデビューしたグループで、クロスシートの間隔が1,420㎜から1,490㎜に拡大、シート幅も880㎜から965㎜に広がり、クロスシートの居住性が高まった。一方で通路は狭くなり、ロングシートはトイレ横を除き2人掛けに統一された。2000番台は偶数向きで、奇数向きの2100番台はトイレ設備がない。シートピッチ拡大車は、他にも地下線対応の1500番台(奇数)、1600番台(偶数)、耐寒耐雪仕様の2700番台(奇数)、2750番台(偶数)などがある。

　写真のクハ111-2014は、1978(昭和53)年7月14日に近畿車輌で製造され、網干電車区で東海道・山陽本線快速に使用、現在も岡山電車区で山陽本線を中心に活躍を続けている。

111・113系

45

サロ111-1　1987（昭和62）年3月14日　東京駅

サロ110-7　1986（昭和61）年6月3日　国府津電車区

サロ111形0番台

　1972（昭和47）年6月、111系誕生とともにデビューしたグリーン車で、座席は特急用151系の普通車と同じ回転式ベンチシートを採用、定員は64名で、トイレ、洗面所を設けていた。近郊用グリーン車は着席できることが目的のひとつで、現在に至るまで特急用普通車に相当するシートが標準となっている。

　当初冷房装置は装備していなかったが、1972年から1976（昭和51）年にかけて全車45両に搭載、うち18両は総武快速・横須賀線用として1000番台に改造された。

　写真のサロ111-1は、1972年6月12日に日本車輌で製造されて東海道本線を中心に使用された後、JR発足後の1989（平成元）年8月17日に廃車となった。

サロ110形0番台

　急行用153系のグリーン車であったサロ153形から改造された車両で、車掌室が残されたため定員はサロ111形よりも4名少ない60名となった。この形式には0番台61両のほか、セミステンレス製のサロ153形から改造された900番台2両があったが、国鉄時代の1980（昭和55）年に廃車された。また、0番台のうち10両は地下線対応の1000番台に再改造されている。

　写真のサロ110-17は1959（昭和34）年11月11日に日本車輌でサロ153-17として製造され、田町電車区に配属。1966（昭和41）年10月31日にサロ110形に改造され、高槻電車区に移って関西地区で使用された。その後、国府津や静岡などを転々とし、JR発足後の1989（平成元）年7月5日に廃車となった。

サロ110-359 1986(昭和61)年6月3日 国府津電車区

サロ110-501 1987(昭和62)年3月14日 東京駅

サロ110形 350番台

　300番台と350番台は特急用車両から改造されたグリーン車で、普通列車用としては破格のシートを備えていた。300番台が、直流用サロ180形やサロ181形からの改造だったのに対し、350番台は交直両用のサロ489形0番台からの改造だった。写真のサロ110-359は、特急「白山」などに使われたサロ489-7が種車で、1986(昭和61)年3月29日に新津車両管理所で改造されて国府津運転所に配属、東海道本線で使用された。

　国鉄末期、このような改造車が多く発生したのは、特急列車の短編成化が進んでグリーン車が余剰となり、一方でサロ110形、サロ111形の老朽化が進んだためである。1000番台でも同様の改造が行われ、1300番台、1350番台が存在した。

サロ110形 500番台

　普通車から改造された形式で、写真のサロ110-501は、サハ165-7を種車に1983(昭和58)年3月25日に改造された。この1両しか存在しないユニークな車両だ。窓配置には変更がなく、座席のみ特急用普通車と同じ簡易リクライニングシートに変更されたため、座席と窓位置が合っていなかった。急行用165系のサロ165-130から1986(昭和61)年に改造されたサロ110-401もある。こちらは165系の車体をそのまま使い、シートも急行時代のものを流用した。窓だけは1983年に下降式1枚窓から上段下降式のユニット窓に変更し、特異なスタイルとなっていた。サロ110-501は国鉄最後のダイヤ改正で国府津電車区に移り、1990(平成2)年12月まで活躍した。

111・113系

サロ110-1235 1986(昭和61)年3月18日 大船電車区

サロ110形 1200番台

　1976(昭和51)年9月に登場した、最初から113系として新製されたグループ。1981(昭和56)年12月までに88両が製造され、113系のグリーン車を代表する車両となった。新製時から冷房装置を装備し、定員は60名、車掌室付きで、座席は183系普通車などと同じ簡易リクライニングシートである。総武快速線・横須賀線のほか東海道線でも活躍し、横須賀色と湘南色があった。

　113系のグリーン車には、新製車のほかに特急・急行用車両から改造・格下げされた車両があった。格下げ車は定員48名のフルリクライニングシートで、シートピッチもゆったりとしていたが、ラッシュ時にはより多くの乗客が着席できる新製車が重宝された。そのためJR東日本に移行後、2階建てグリーン車が登場すると、設備が豪華な特急・急行格下げ車の淘汰がより進んだ。この1200番台も2006(平成18)年度までに廃車された。

サロ113-1002 1987(昭和62)年3月13日 保土ヶ谷駅

サロ113形 1000番台

　サロ113形は、新製車ながら回転式リクライニングシートを装備したグリーン車で、シートピッチも特急用グリーン車などと同じ1,160mmと広く取られている。定員は48名。1973(昭和48)年5月から翌年11月にかけて17両が製造され、大船電車区と幕張電車区に配属された。しかし横須賀線地下東京〜品川間の工事が遅れたため、1976(昭和51)年5月から順次大阪の高槻電車区に転属。東海道・山陽本線快速のグリーン車として使用された。1980(昭和55)年8月から再度幕張に戻って、当初の総武快速・横須賀線に投入されたという波乱の歴史を持っている。

　写真のサロ113-1002も、1973(昭和48)年5月29日に製造されて以来、同様の経緯をたどり、幕張電車区で民営化を迎えた。廃車は1997(平成9)年3月7日。参考までに、関西で活躍していた時の車体色はグリーンとオレンジの湘南色だった。

49

モハ113-10 1986（昭和61）年12月26日 奈良電車区

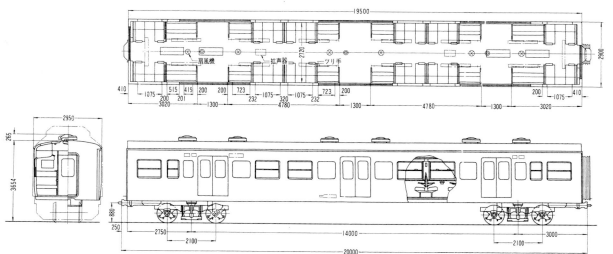

モハ113形 0番台

　1964（昭和39）年1月に登場した、113系で最初に新製された電動車（M車）。113系は、その後様々なグループが1982（昭和57）年3月まで製造され、111系を含めて113系と総称されている。モハ111形との違いは、主電動機が出力100kWのMT46A形から同120kWのMT54形となったことで、外観上の相違点はほとんどない。またクハ111形などの付随車は、継続して製造が続けられた。

　初期の製造グループは111系と同様屋根上の通風器が円形のグローブ形であったが、1967（昭和42）年12月に増備されたモハ113-177からは115系と同じ押込形に変わった。

　写真のモハ113-10は、1964年7月7日に川崎車輌で製造されて宮原電車区に配属され、東海道・山陽本線快速として活躍した。その後、向日町運転所、高槻電車区、明石電車区、網干電車区と変わった。車体色が湘南色から写真の赤帯となったのは、日根野電車区に移動した1980（昭和55）年1月28日以降で、1985（昭和60）年3月14日改正からは奈良電車区に移動、引き続き関西線を中心に活躍した。この車両は最後まで冷房装置の取付工事は行われず、1991（平成3）年9月30日に廃車となっている。

モハ113-707　1986（昭和61）年12月23日　野州電車区

モハ113-2050　1985（昭和60）年12月3日　神領電車区

モハ113形700番台

　1974（昭和49）年7月、関西から北陸への短絡ルートである湖西線（山科〜近江塩津間）の開業に際してデビューしたグループだ。耐寒・耐雪仕様を強化したことが特徴で、客用扉は停車中のみ手動で開閉する半自動回路も備える。また、北陸トンネル列車火災事故の教訓から、車体構造にA-A規準が採用された。もう一つ特筆すべき点は、113系は、このグループから新製時に冷房装置を搭載するようになったことである。
　写真のモハ113-707は、1974年6月14日に近畿車輛で製造された。現在は応荷重装置を取り付けて5707に車号が変わったが、吹田総合車両所京都支所に配置され、車齢40年を超えた今も湖西線を中心に草津線などを走っている。

モハ113形2000番台

　クハ111形2000番台と同様、シートピッチを拡大した電動車（M車）。1978（昭和53）年3月から113系の増備が終了した1982（昭和57）年3月まで124両製造された。2017年現在はJR西日本の広島運転所と岡山運転所に13両が健在だ。
　写真のモハ113-2050は、1980（昭和55）年3月6日に落成し、旧型国電の80系を置き換えるために神領電車区に配属、中央西線を中心に活躍した。そのままJR発足を迎えてJR東海に承継されたが、1988（昭和63）年11月10日に先頭車に改造されてクモハ113-2009となった。その後、静岡運転所で東海道本線や御殿場線で活躍した末、2007（平成19）年1月18日に廃車された。

モハ112-113 1986(昭和61)年2月28日 日根野電車区

モハ112形 0番台

　モハ113形とユニットを組む電動車(M'車)で、パンタグラフを装備しているほか、C1000電動空気圧縮機を床下に搭載。主電動機の出力はモハ110形の100kWから120kWにアップしている。通風器は初期型は丸いグローブ形だったが、モハ112-177からは押込形に変更された。また、モハ112-233からは新製時から冷房装置を設置し、客用窓もユニット窓になった。冷房を装備した車両の補助電動発電装置の出力は160kVAで、4両に給電できる。

　写真のモハ112-113は、1966(昭和41)年2月26日に川崎車輛で製造された車両で、高槻電車区に配属、当初は非冷房で東海道・山陽本線の快速列車に使用された。1976(昭和51)年には冷房が設置され、1980(昭和55)年からは日根野電車区に移って阪和線でJR発足を迎えた。JR西日本に承継後の2004(平成16)年6月15日に廃車となっている。

モハ112-807 1986(昭和61)年10月22日 福知山電車区

モハ112-1071 1986(昭和61)年4月15日 幕張電車区

モハ112形800番台

　800番台は、0番台をベースに耐寒・耐雪仕様に改造したグループ。国鉄最後のダイヤ改正である1986(昭和61)年11月改正で電化された福知山線宝塚〜山陰本線城崎(現・城崎温泉)用に登場した。耐雪ブレーキなどを取り付けたほか、客室の暖房を維持するため乗降扉に半自動回路を設けたことが特徴だ。800番台には、モハ112形のほか、モハ113形、クモハ113形、クモハ112形、クハ111形があり、制御電動車は先頭部にスノウプラウを装備している。なお、クハ111形800番台は、奇数号車が0番台から、偶数号車が300番台からの改造で、電動空気圧縮機を装備していた。写真のモハ112-807は、1986年10月に改造され、1991(平成3)年まで活躍した。

モハ112形1000番台

　電動発電装置を搭載した電動車(M'車)で、総武線快速・横須賀線などの地下線に入線できるA-A基準(難燃・不燃化)を満たした車体構造を持つ。

　写真のモハ112-1071は、東京〜錦糸町間地下線の開業を目前に控えた1972(昭和47)年5月に日本車輌で製造され、幕張電車区に配属されて総武快速線に投入された。1983(昭和58)年11月に冷房装置を取り付け。そのまま総武線快速・横須賀線を走り続け、国鉄分割民営化もここで迎えている。JR東日本に承継された後、1989(平成元)年11月に国府津電車区に移り、2005(平成17)年11月に廃車となった。国鉄時代15年、JRになってから18年、首都圏を走り続けた車両だった。

サハ111-5 1987（昭和62）年3月14日 東京駅

サハ111形0番台

　111系の付随車（T車）。111系は登場当初は付随車がなかったが、横須賀線や関西地区快速線の編成見直しにより登場した。まずは1969（昭和44）年8月に4両が落成したが、写真のサハ111-5は1974（昭和49）年11月に東急車輛で製造された1両。製造当初から冷房装置を搭載しており、大船電車区に配属されて東海道線で活躍した。改造車を含めると3000両あまりが存在した111・113系にあって、サハ111形0番台は基本形式でありながら5両しか製造されなかった。先に製造された4両は関西地方で生涯を過ごしたが、サハ111-5は1979（昭和54）年10月に国府津機関区（当時）に移動。1995（平成7）年12月に廃車となるまで東海道線で活躍した。

　ほかに1969年に加わった1000番台、シートピッチを改善した1500番台、2000番台、サハ115形から改造の300番台、モハ113・112形から改造の400番台もあった。

クハ115-98　1986(昭和61)年3月7日　岡山電車区

115系
山岳・降雪地帯向けの通勤型電車

上越線をはじめ、勾配や積雪のある路線での使用を念頭に開発された近郊形直流電車。車体構造はおおむね113系と同じだが、下り勾配でのスピード超過を防ぐ勾配抑速ブレーキや、耐寒・耐雪構造が取り入れられた。

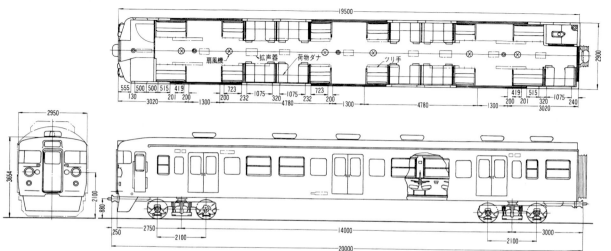

115系

クハ115形0番台

　115系の制御車（Tc車）で、1970（昭和45）年6月までに228両が製造された。113系のクハ111形では、奇数向きが0番台、偶数向きが300番台とされたが、クハ115形にはこの区別はない。300番台は、0番台製造終了後に冷房搭載車として製造された（P68）。

　主幹制御器は、下り勾配での速度超過を防ぐ抑速回路を設け、力行5ノッチに抑速5ノッチが加わった。これを使用するとモーターが発電機となり、発生した電気を抵抗器で熱に変換してブレーキ力を得る。下り勾配でも設定した速度が維持される仕組みだ。

　また、山岳地帯での運転を想定したため耐寒・耐雪構造を取り入れ、先頭部には雪を掻き分けるスノウプラウを装着した。

　車体色はオレンジと緑の湘南色が採用されたが、前面の緑部分がクハ111形はVカットだったのに対し、曲線を使ったUカットとなって、わかりやすい識別ポイントとなった。

　写真のクハ115-98は、1964（昭和39）年3月17日に東急車輛で製造され、当初は新前橋電車区、1968（昭和43）年からは小山電車区に所属した。1976（昭和51）年6月24日に岡山運転区に転属し、ここで国鉄分割民営化を迎えた。廃車は1993（平成5）年9月30日。

モハ115-124　1986（昭和61）年2月3日　広島運転所

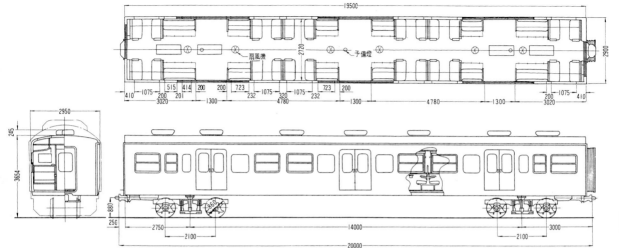

モハ115形0番台

　1963（昭和38）年1月、モハ114形0番台、クハ115形0番台とともに、115系として最初にデビューした車両。モハ114形とユニットを組む、パンタグラフなしの電動車（M車）だ。4両編成を基本に東北・高崎線用として運転を開始、1971（昭和46）年7月までに135両が製造された。主電動機はモハ113形と同じ出力120kWのMT54形だが、勾配線区での運転を想定していたために勾配抑速ブレーキを搭載。寒冷地での使用を考慮して乗降扉に半自動回路を設け、手動で開けられるようアルミ製の引手が取り付けられた。通風機は従来の丸いグローブ形ではなく、雪の吹き込みを防げる押込形が採用されている。

　写真のモハ115-124は、1970（昭和45）年6月5日に川崎重工で製造された車両で、最初は小山電車区に配置された。1977（昭和52）年9月10日に、遠く離れた広島運転所に転属、以降は山陽地区で活躍することになる。1980（昭和55）年5月に冷房装置を装備、1984（昭和59）年1月25日に下関運転所に移り、ここで国鉄分割民営化を迎えた。

　車体は当初湘南色だったが、1985（昭和60）年11月にクリームに青帯の瀬戸内色に変更。2005（平成17）年3月8日に廃車された。

モハ114-8　1986(昭和61)年6月9日　尾久客車区東大宮派出所

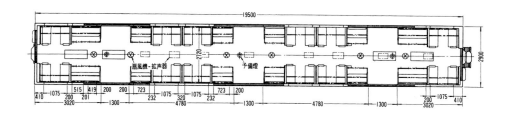
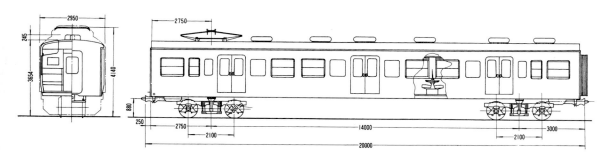

モハ114形0番台

　モハ115形とユニットを組む、パンタグラフ付きの電動車（M'車）として登場、1971（昭和46）年7月までに121両が製造された。モハ115形0番台と比べて製造両数が少ないのは、P68で紹介する800番台が加わったためである。パンタグラフを搭載していたほか、床下には電動発電装置、電動空気圧縮機を搭載している。電動空気圧縮機は、113系が1基搭載だったのに対して2基搭載していたことも特徴である。なお電動空気圧縮機は、後継の300番台以降は容量1000ℓのC1000から同2000ℓのC2000に変更されたため、1基搭載に戻っている。

　写真のモハ114-8は、1963（昭和38）2月27日に近畿車輛で製造された車両だ。宇都宮運転所に配属され、1966（昭和41）年7月11日、小山電車区開設とともに移動。1976（昭和51）年5月20日に岡山運転区に転属するまで13年間、東北本線の通勤輸送を担った。岡山では8年間、山陽線で働いたが、1984（昭和59）年1月に小山に帰還。ここで国鉄分割民営化を迎えた。JR東日本承継後は新前橋電車区、豊田電車区を転々としたが、最後まで冷房装置が装備されなかったこともあり、1990（平成2）年7月13日に廃車された。

115系

クモハ115-14 1986(昭和61)年4月23日 三鷹電車区

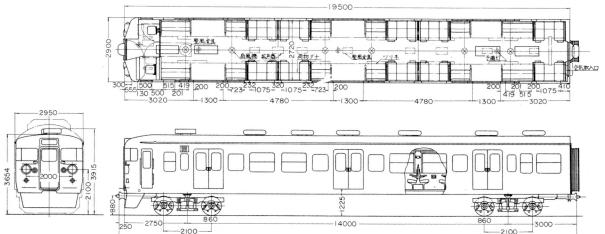

115系

クモハ115形0番台

　新宿〜松本間に特急「あずさ」が誕生した1966(昭和41)年12月に、中央東線の普通列車用として登場した制御電動車(Mc車)だ。輸送需要が小さい中央東線向けに最少3両運転が可能となり、勾配線区では電動車2両、付随車1両の2M1T運転ができた。

　車体カラーは、中央東線用にクリームと青の横須賀色(スカ色)が採用された。前面の塗り分けは湘南色と同じ曲線で113系と区別された一方、サイドは横須賀線の113系と同様に車体上部の青の幅が太くなっている。

　主電動機は、出力120kWのMT54形で変更はなかったが、制御装置はモハ115-83以降と同じ改良型のCS15B形に変わった。

　0番台は、最初に17両が製造された後は増備されることはなく、冷房装置付きの300番台に引き継がれた。

　写真のクモハ115-14は、1966年10月31日に完成し三鷹電車区に配属、1986(昭和61)年11月1日に豊田電車区に移動した。国鉄分割民営化を経て、廃車となった2002(平成14)年2月12日まで一貫して中央東線で活躍した。なお中央東線では2015(平成27)年までスカ色の115系が運行され、115系全盛時代の姿を長く伝えていた。

クモハ115-1008　1986（昭和61）年11月26日　長野第一運転区

クモハ115形 1000番台

　より気候が厳しい松本・長野地域の旧型国電70系、80系を置き換えるために、耐寒・耐雪機能を強化して登場したグループ。雪切室の設置、耐雪ブレーキ装着、暖房の強化、床下機器の保温を図るためのユニット化、機器箱に収納など耐寒・耐雪構造を強化した。また、クロスシート部分のシートピッチを1,420mmから1,490mmに拡大し、車端部の座席をすべてロングシートに変更して窮屈さを緩和したことも大きな特徴だ。

　この形式は1981（昭和56）年7月までに84両が製造され、JR東日本とJR東海に承継された。写真のクモハ115-1008は、1978（昭和53）年1月19日に川崎重工で製造された車両だ。松本運転所、長野運転所に所属した後、2017年現在は新潟車両センター所属の車両として、信越本線などで活躍を続けている。

　なおJR東海に承継された車両は、2007（平成19）年度までに廃車された。

モハ115-2010　1986(昭和61)年2月3日　広島運転所矢賀派出所

モハ115形 2000番台

　暖地用と称されるグループの、パンタグラフのない電動車(M車)で、1978(昭和53)年3月から8月にかけて29両が製造された。全車が広島運転所に配置されて、老朽化した旧型国電70系、80系を置き換えた。客室は、1000番台と同様クロスシートの間隔を急行用並みに拡大したシートピッチ拡大車で、車端部の座席はすべてロングシートとなっている。また、昭和50年代の製造であるため、全車両冷房装置を新製時から搭載している。

　写真のモハ115-2010は、1978年4月5日に川崎重工にて造られ、広島で国鉄分割民営化を迎えた。2017年現在も健在で、下関総合車両所所属の車両として山陽本線岡山〜下関間を中心に活躍している。

　現在在籍している車両は、JR西日本が行った体質改善工事によって、ドア間の座席がボックスシートから転換クロスシートに変更。塗装も大半が地域色の黄色に変更された。

モハ115-3001 1986(昭和61)年2月4日 広島運転所

モハ115形 3000番台

　新快速などと同じ転換式クロスシートを装備し、乗降扉は片側2ヵ所という、関西地区の新快速などに投入された117系に準拠した車内レイアウトを備えた、異端の115系である。電動車(M車)であるモハ115形3000番台は1982(昭和57)年10月から1983(昭和58)年6月にかけて12両が製造され、広島地区に投入された。同年11月改正から、急行用153系電車に代わり、新たに誕生した「広島シティ電車」の、快速の「顔」としてデビュー。優等列車に近いサービスを備える電車として人気を博した。

　そのまま国鉄分割民営化を迎え、JR西日本に承継。登場から35年が経過した今も下関総合車両所所属の車両として、山陽本線岩国〜下関間を中心に活躍している。写真のモハ115-3001もその一員で、1982年10月に日本車輌で製造され、車体色を黄色に改めた上で今も山陽路を走り続けている。

モハ114-1185　1986（昭和61）年6月12日　軽井沢駅

モハ114-3001　1986（昭和61）年2月4日　広島運転所

モハ114形1000番台

　耐寒・耐雪構造を強化し、クロスシートの間隔を拡大したパンタグラフ付きの電動車（M'車）。1977（昭和52）年12月から1982（昭和57）年11月にかけて211両が製造され、JR東日本、JR西日本、JR東海に承継された。同じ形式でも、新製時に投入された地区によって、冷房装置の有無、パンタグラフの形式（PS16形またはPS23A形）、電気機関車の補機を連結する碓氷峠通過対応か否かといった違いがある。

　写真のモハ114-1185は、1981（昭和56）年7月14日に生まれた車両で、大糸線の旧型国電を置き換えるために松本運転所北松本支所に配置された。1986（昭和61）年11月に長野第一運転区に移り、2017年現在も新潟車両センターに所属して現役だ。

モハ114形3000番台

　モハ115形3000番台とユニットを組む電動車（M'車）で、転換式クロスシート装備車と呼ばれるグループ。パンタグラフを2基搭載しており、冷房装置や室内灯に電気を供給する電動発電装置が、昭和50年代に登場した201系や185系が搭載しているブラシレスのDM106に変更、容量も190kVAにアップした。115系は、このグループを最後に増備が終了した。

　写真のモハ114-3001は、1982（昭和57）年10月4日、日本車輌にて製造、下関運転所に配属されて山陽本線岡山〜下関間で使用された。以来35年にわたり一度も転属することなく、現在も登場時と同じ4両編成で山陽本線を走り続けているが、運転区間は岩国〜下関間と狭くなっている。

115系

モハ114-805　1986(昭和61)年4月23日　三鷹電車区

クハ115-435　1986(昭和61)年5月9日　尾久客車区東大宮派出所

モハ114形 800番台

　明治時代に建設された山岳路線である中央東線は、トンネルの断面が小さい。その中央東線でも走行できるよう、101系800番台に準拠する形で、パンタグラフ取付部の屋根を低く設計変更したグループ。1966(昭和41)年9月から1968(昭和43)年12月にかけて31両を製造、817まではクモハ115形と、818以降はモハ115形とユニットを組んで活躍した。

　写真のモハ114-805は、1966年11月18日に日本車輌で製造されて三鷹電車区に配属、1986(昭和61)年11月1日に豊田電車区に移動して国鉄分割民営化を迎えた。生涯を中央東線で過ごし、1992(平成4)年2月1日に廃車となっている。

クハ115形 300番台

　新製時から冷房装置を装着、客室窓には密閉性が高くメンテナンスも容易なユニット窓が採用されたグループ。1973(昭和48)年10月から1977(昭和52)年12月にかけて170両が造られた。奇数車号の車両は奇数向き(黒磯方)、偶数車号の車両は偶数向き(上野方)に連結されたが、奇数向きにはクモハ115形があったため、偶数車号が多い。冷房装置を搭載するにあたって、回路をつなぐジャンパ栓を両栓構造としなかったため、向きを変えることはできなかった。

　写真のクハ115-435は、1977年10月5日に日立製作所で製造された車両。生涯を小山電車区で過ごし、東北・高崎線を走り続けた。2002(平成14)年12月27日に廃車された。

クハ115-2009　1986(昭和61)年2月3日　広島運転所

クハ115-3018　1986(昭和61)年2月3日　広島運転所

クハ115形 2000番台

　1978(昭和53)年3月から1981(昭和56)年7月にかけて34両が製造された、暖地用の制御車(Tc車)。偶数向きに使用され、奇数向きにはトイレ設備のない2100番台が使用された。

　34両のうち、2021までは冷房を装備して広島運転所に配置。一方、2022以降は富士〜甲府間の身延線の旧型国電を置き換えるために製造され、冷房準備車(将来の設置を見越した設計)として沼津機関区に配置された。なお、身延線はトンネルの断面が小さいため、モハ114形はパンタグラフをよりコンパクトなPS23A形としたほか、パンタグラフ取付部を20㎜下げている。写真のクハ115-2009は、1978年4月11日に製造された車両で、現在も山陽本線で活躍している。

クハ115形 3000番台

115系

　転換クロスシートと片側2扉が特徴である3000番台の、偶数向き(下関方)先頭車。奇数向きにはトイレ設備のない3100番台、そして2両の中間電動車を組み込み、4両編成で運行されている。1982(昭和57)年9月から10月にかけて21両が製造された。3006までは冷房装置を新製当初から装備、3007以降は未設置の冷房準備車だったが、国鉄時代に全車が装備を完了している。

　写真のクハ115-3018は、1982年10月26日に日立製作所で誕生した車両で、下関運転所に配置された。1985(昭和60)年4月に冷房装置を搭載して国鉄分割民営化を迎えた。現在も、同地で活躍を続けている。

サハ115-28 1986(昭和61)年5月10日 尾久客車区東大宮派出所

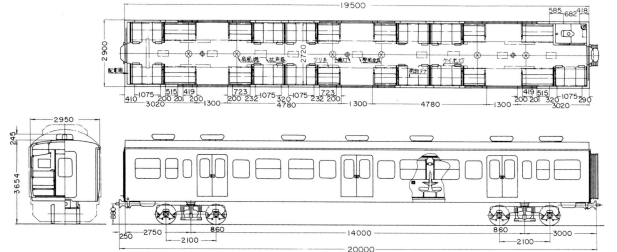

115系

サハ115形0番台

クモハ115形とともに、中央東線に115系が投入された1966(昭和41)年9月にデビューした付随車(T車)で、1970(昭和45)年6月まで37両が製造された。サハ111形の登場よりも3年早く、新性能近郊型電車としては初の付随車となった。

国鉄末期の1983(昭和58)年11月から1985(昭和60)年3月にかけて、13両が先頭車に改造され、クハ115-607〜619に形式変更されている。これは、車両を新造せずに列車を増発するために短編成化が進められた結果、先頭車が不足したためだ。

1973(昭和48)年10月から1976(昭和51)年2月にかけては、冷房装置を搭載した300番台が30両、1978(昭和53)年5月から1982(昭和57)年11月にかけては、こちらも冷房装置を搭載した1000番台が28両加わっている。

写真のサハ115-28は、1967(昭和42)年5月31日に川崎車輛で誕生した。小山電車区、新前橋電車区を転々とし、北関東の通勤輸送に従事した。1985年9月に冷房装置を搭載し、小山電車区で国鉄分割民営化を迎えた。その後も首都圏輸送の一翼を担い、2003(平成15)年1月6日に廃車された。

クハ117-5 1986(昭和61)年2月27日 宮原電車区

117系
「私鉄王国」に挑んだ新快速用電車

阪急、阪神、京阪など私鉄との競合が激しい京阪神地区の「新快速」用として投入された車両。転換クロスシートをはじめ、特別料金のいらない普通列車用とは思えない、充実した客室設備を備え人気を博した。

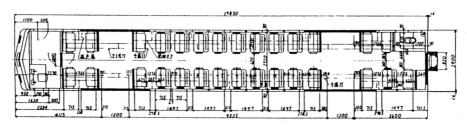

※形式図はモハ117形100番台のもの。

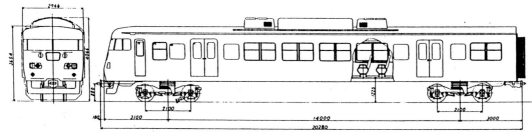

クハ117形0番台

　新性能近郊用グループでは最初となる前面窓が2枚窓の非貫通型制御車（Tc車）で、中央には特急のヘッドマーク（愛称板）を彷彿とさせる種別幕を設けている。奇数向き（米原方）に連結され、1982（昭和57）年に増備された22〜30を除きトイレはない。

　国鉄は1970（昭和45）年から113系電車にて「新快速」の運行を開始。1972（昭和47）年からは、急行用の153系を投入して「私鉄王国」と言われた関西の大手私鉄に対抗していた。その153系の老朽化が進んだため、新たに投入された電車が117系電車だ。

　関東地区では、同じ153系の置き換え用として185系特急形電車が登場し、基本性能が近かったこともあり何かと比較されたが、特急券不要で乗車できる117系が、評価、実績など多くの面において圧勝していた。

　写真のクハ117-5は、1980（昭和55）年2月5日、近畿車輛で製造、他の21両とともに宮原電車区に配属されて、国鉄分割民営化時も新快速として活躍していた。

　JR西日本に承継後は、1993（平成5）年2月に一部座席をロングシート化して車号を305に改め、現在も吹田総合車両所京都支所に所属して湖西線や草津線で活躍している。

モハ117-4 1986（昭和61）年2月27日 宮原電車区

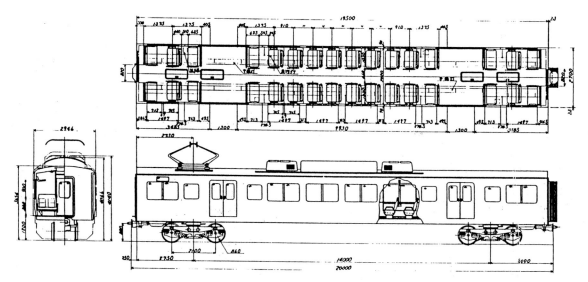

モハ117形0番台

　モハ116形とユニットを組むパンタグラフ付き電動車（M車）で、デビュー当初は2ユニットにクハ117形、クハ116形を組み込んだ6両編成にて新快速に充当、人気を博した。この人気は、特急並みの速さとともに、普通列車としては破格の転換式クロスシートを採用した座席にあった。シートピッチは910mmで、これも特急並みである。乗降扉は片側2扉で、窓は上段下降式、下段上昇式の2連のユニット窓を採用。下窓を大きく取って座席からの視野を確保し、車窓の眺めも人気があった。また、車端部の妻壁に木目調の化粧板を使用し、高級感を演出していた。

　湖西線への乗り入れを考慮して、耐寒・耐雪の面でも配慮がなされている。乗降扉には半自動回路も設置された。台車は特急用車両と同じDH32H形を装備しており、乗り心地の面でも従来の普通列車を超える高性能を誇っていた。

　写真のモハ117-4は、1980（昭和55）年1月29日に川崎重工で製造、宮原電車区に配置されて新快速として活躍した。JR西日本に承継後は一部をロングシート化したモハ117-304に改造、吹田総合車両所京都支所に所属して草津・湖西線で活躍を続けている。

モハ116-9 1986（昭和61）年2月27日 宮原電車区

モハ116形0番台

　モハ117形とユニットを組む電動車（M'車）で、160kVA電動発電装置とC2000電動空気圧縮装置を搭載している。1979（昭和54）年9月から1980（昭和55）年7月にかけて製造された42両は宮原電車区、1982（昭和57）年1～5月に増備された18両は大垣電車区に配置された。1980年1月から117系が投入された結果、宮原電車区では、同年7月10日には早くも153系の新快速が消滅している。

　写真のモハ116-9は、1980年2月5日、近畿車輛にて製造、宮原電車区に配属された。この車両もJR西日本承継後の1993（平成5）年2月に乗降時の混雑緩和対策として、ドア付近の一部ロングシート化の改造を受けてモハ116-309に車号変更。吹田総合車両所京都支所にて今も活躍中。国鉄時代は、クリームに茶帯という独自の落ち着いた配色も人気だったが、現在はJR西日本の近郊用車両の1色化によって、モスグリーンに変わっている。

クハ116-2　1986(昭和61)年2月27日　宮原電車区

クハ117-112　1986(昭和61)年12月17日　神領電車区

クハ116形0番台

　偶数向き(姫路方)に連結され、トイレ設備を装備した制御車(Tc車)。そのため座席数は58名と、奇数向き(米原方)のクハ117形よりも2名少ない。台車はクハ117形と共通で、特急用車両にも使われるTR69K形を使用しており、抜群の乗り心地を誇った。

　写真のクハ116-2は、1980年1月29日、川崎重工にて製造、宮原電車区に配属。1992(平成4)年8月に一部ロングシート化の改造を受けてクハ116-302と車号変更、現在も吹田総合車両所京都支所で活躍を続けている。なお、京都支所では第1編成のみロングシート化改造を受けておらず、デビュー当時の塗色のまま団体列車などにも使われている。

クハ117形100番台

　国鉄最後のダイヤ改正となった1986(昭和61)年11月改正で増備されたグループの奇数向き制御車(Tc車)。側窓を大型の1枚窓下降式に変更したり、台車も211系と同じ軽量ボルスタレス台車を採用したりといった新技術が導入されたほか、トイレ設備がなくなったことが特徴である。1986年8月から10月にかけて12両が製造され、最初の3両は関西地区に、残る9両は名古屋地区に投入された。同時期に投入されたクハ116形は、100番台の3両が関西地区に、トイレ設備のない200番台は名古屋地区に配属された。この増備により、名古屋地区では6両編成を4両化して編成数を増やすとともに、トイレ設備を2箇所から1箇所に変更している。

117系

クモハ119-7 1986(昭和61)年8月19日 沼津機関区

119系
旧態依然としていた飯田線を近代化

戦前型旧型国電の宝庫であった飯田線の近代化を目的に、105系をベースに開発された。主要機器を1両に搭載した1M方式の直流近郊形電車。

クモハ119形0番台

　片側3扉、セミクロスシートの制御電動車(Mc車)。主電動機は105系などと同じMT55A形、制御装置はCS54A形を搭載。勾配区間が多く駅間が短い飯田線の特性に合わせて、勾配抑速ブレーキなどを装備している。

　写真のクモハ119-7は、1983(昭和58)年1月6日に日本車輌で製造。1986(昭和61)年11月に静岡運転所に移動して「するがシャトル」に使われた。JR東海承継後は飯田線に戻ったが、2012(平成24)年12月17日に廃車された。

119系

クハ118-13　1986(昭和61)年9月16日　伊那松島機関区

クハ118形0番台

　119系の制御車(Tc車)。台車は、クモハ119形が103系や105系と同じDT33形を使用したのに対して、クハ118形は101系から捻出されたDT21T形を履いたほか、トイレ設備を設けていた。冷房装置を装着して、東海道本線静岡地区の「するがシャトル」に使用された車両は、床下に装備の電動発電装置を冷房電源用に70kVAに取り替えたのに対して、非冷房車は車内照明等用に20kVA補助電動機を搭載した。

　写真のクハ118-13は、1983(昭和58)年5月19日に日本車輌で製造され、豊橋機関区に配置。JR東海に承継後はDC/DCコンバータ方式のC-AU711D形冷房装置を取り付けて5013に車号を変更した。2000(平成12)年には、ワンマン化して5313となり、2013(平成25)年、機器を更新してえちぜん鉄道に譲渡された。現在はTc7006として活躍を続けている。

クモハ121-8　1987(昭和62)年1月9日　横須賀駅

121系
四国に初めて登場した新型通勤電車

国鉄分割民営化直前に登場した四国初の直流近郊形電車で、四国で最初の電化開業となった1987(昭和62)年3月23日から、予讃線・土讃線で運行を開始した。

クモハ121形

　片側3扉、セミクロスシートの制御電動(Mc車)車。軽量ステンレス製の車体を採用し、主電動機に103系と同じMT55Aを搭載するなど、廃車車両の機器を多く流用している。客用窓は大型の1枚窓で、バランサー付きの上昇式。1986(昭和61)年11月から翌年1月にかけて19両を製造、高松運転所に配置された。すぐにJR四国に承継され、2015(平成27)年度からはVVVFインバータ制御など最新の機器を搭載した7200系に改造される仲間が出ている。

クハ120-2 1986(昭和61)年12月24日 多度津工場

クハ120形

　クモハ121形と編成を組む制御車(Tc車)。客室はクモハ121形と変わらず、定員も118名と同じ。トイレを装備していない点もクモハ121形と同様で、121系には車内トイレがない。このため、本四備讃線など中・長距離を運行する区間では使用されていない。

　台車は119系と同様101系から転用されたDT21T形。この台車は7200系への更新時は新しい台車に履き替えているため、機器更新工事の進捗とともに消えゆく運命だ。

　写真のクハ120-2は、1986年11月20日、近畿車輛にて製造された。撮影時の帯は、JR四国承継後すぐにJR四国のコーポレートカラーの青に変更となったが、この車両は2011(平成23)年12月にワンマン化工事を受けた際に、オリジナルの赤帯に戻った。2017年現在も高松運転所所属で予讃線高松～伊予西条間、多度津～琴平間などで運行されている。

クモハ123-1 1986(昭和61)年11月25日 辰野駅

123系
荷物電車を改造したミニ通勤電車

国鉄最終年度となった1986(昭和61)年11月改正で荷物輸送が廃止となり、荷物電車を改造して誕生した系列。現代では珍しい両運転台の旅客用電車。

クモハ123形0番台

クモニ143形やクモユニ147形から11両が改造され、中央本線や飯田線、可部線、阪和線東羽衣支線などに投入された。写真のクモハ123-1は、1986年10月7日、長野工場にて改造された車両で、中央本線辰野～塩尻間で使用された。JR東日本に継承された唯一の車両で、乗降扉は片開き2扉、座席はロングシートだった。現在は阪和線、可部線用に登場したクモハ123-2～6のみが、下関総合車両所に所属して宇部線、小野田線にて使用されている。

クモユニ143-1　1986（昭和61）年9月8日　長岡運転所

直流事業用車・試験車

クモユニ143形0番台

　全室荷物室のクモニ143形に郵便室を併設した車両で、荷物（小荷物・荷物）を運ぶ荷物列車と、郵便物を運ぶ郵便車を兼ねていた。1981（昭和56）年7月に4両が製造され、身延線用として静岡機関区に配属。その後1985（昭和60）年3月19日に長岡運転所に移動し、上野にも姿を見せていた。国鉄分割民営化直前の1986（昭和61）年10月に幕張電車区へ転属。新聞輸送に使われていたクモユニ74形などを置き換え、ここでJR東日本に承継された。当時荷物輸送に活躍した新性能電車グループのクモニ143形はクモハ123形0番台などに、101系からの改造だったクモユニ147形はクモハ123形40番台に改造されている。なお、クモユニ143-1は、現在も長野総合車両センターで入換作業等に従事している。

クモヤ143-21 1986(昭和61)年3月18日 大船電車区

クモヤ143形0番台

　1977(昭和52)年2月から1980(昭和55)年3月にかけて21両が製造された事業用車で、首都圏各車両基地での入換や、工場入出場車の牽引に活躍していた。大井工場などへの入出場車などの牽引に際して山手線・京浜東北線などを走行するため、ATC装置を搭載していたことが特徴だ。軌道試験車であるマヤ34形を挟んでの走行シーンを見ることもできた。

　写真のクモヤ143-21は、1980年3月8日に日立製作所にて製造、大船電車区に配置となっている。1986(昭和61)年12月には、クモニ143形を改造した50番台、クモヤ143-51～52が登場し、上沼垂運転区(現・新潟車両センター)に配属された。すべての車両がJR東日本に承継され、各車両基地で働き続けた。現在は50番台2両と0番台3両が現役だが、クモヤ143-21は、2013(平成25)年3月10日に廃車となった。

クモヤ145-4 1986(昭和61)年2月26日 吹田工場

クモヤ145形 0番台

　クモヤ143形と同様、車両基地などでの作業用に使われた電車で、それまで活躍していた旧型国電72系から改造のクモヤ90形等の淘汰を図るために登場した。国電の101系を改造した車両だが、車体は新造されており、制御装置はクモヤ143形と同じCS50形を使用。101系から転用されたのは主電動機のMT46A形と台車程度である。

　クモヤ145形は、1980(昭和55)年8月から1987(昭和62)年2月にかけて40両が改造された。このうち基本番台となる0番台は9両が在籍、関西地区に配属された。写真のクモヤ145-4は、1999(平成11)年から翌年にかけて、クモヤ145-1・3・6・7・9とともに、主電動機をMT54形に換装して1000番台に変わった。クモヤ145-5・8は、交直流電車との併結可能であったクモヤ91形に準拠した改造工事を実施して50番台に変わり、いずれもJR西日本で現役である。

クモヤ145-120 1985(昭和60)年10月9日 豊田電車区

クモヤ145形 100番台

　クモヤ145形で両数がもっとも多く26両が在籍している。0番台との大きな違いは、救援機器を搭載できるスペースを設け、クレーンを装備していることと、配属基地によって在籍していた車両が異なるため、様々な車両と連結できるように「おばけカプラー」を備えて、対処していたことである。クモヤ145形には、交流機能を持ち交直流車の牽引に対応している50番台、200番台のほか、パンタグラフ取付部の高さを20mm低くした低屋根構造の600番台もある。写真のクモヤ145-120は、1962(昭和37)年に製造されて山手線や総武線各駅停車などに使われたクモハ100-129を種車とし、豊田電車区に配置されていたが、2008(平成20)年6月5日に廃車された。

　なお、JR東日本に承継されて現役なのは高崎車両センター所属のクモヤ145-107のみ。JR西日本の車両は、主電動機をMT54形に換装して1100番台となった。

クモル145-15 1986（昭和61）年2月26日 吹田工場

クル144-15 1986（昭和61）年2月26日 吹田工場

クモル145形

　「ル」は「配る」に由来する、配給電車である。配給電車とは、工場から各車両基地に主電動機、台車などの機器を届けたり、受け取ったりする車両で、首都圏は大井工場、関西は吹田工場に常駐していた。車体は機器を搭載しやすいようL形になっており、大井工場に配属の車両は、山手線、京浜東北線も走るためATCを搭載していた。JR東日本、JR西日本に承継されたが、その後トラック輸送に置き換えられ、JR東日本の車両はすべて廃車された。晩年は、各駅で一挙に進んだエスカレーター設置に際し、この車両で駅に運んだという記録が残る。写真のクモル145-15は、1998（平成10）年10月に主電動機をMT54形に換装してクモル145-1015となり、現在も現役である。

クル144形

　クモル145形とペアを組んだ車両で、主電動機は装備していないが、パンタグラフを搭載している。これは、車両基地の検修庫に部品、機器を搬入する際に、架線のない箇所でも対処できるようにしたためである。101系を種車に1980（昭和55）年8月から1981（昭和56）年12月までに各16両が登場、旧型国電改造のクモル29形は淘汰された。最初の10両は品川電車区に、残る6両は高槻電車区に配属となっている。写真のクル144-15は、1981（昭和56）年12月16日に広島工場にて改造された車両で、相方のクモル145-1015とともに、現在でも吹田総合車両所京都支所で現役を続行中である。

直流事業用車
試験車

クモヤ193-1 1986(昭和61)年12月5日 松本運転所

クモヤ193形 0番台

　首都圏を中心に活躍していた電気試験車で、1980(昭和55)年3月に近畿車輛にて製造、品川電車区(現・東京総合車両センター)に配属された。ATCを採用していた山手線や京浜東北線などにも入線できるよう、それぞれの保安装置を装備していた。

　クモヤ193-1は、架線関係の検査を目的とした車輛。先頭部はクハ183形1000番台に準じたデザインで、トロリー線摩耗測定装置、自動観測装置などを搭載している。肉眼で架線を見るため屋根から突き出た観測ドーム、測定用の下枠交差型パンタグラフなど、車内には計器や機械が所狭しと配置されていた。JR東日本に承継されて2013(平成25)年に廃車となった。

　クモヤ193・192形には、1987(昭和62)年3月にクモヤ495形、クモヤ494形から改造されたクモヤ193-51、クモヤ192-51もあるが、外観が全く異なった。

クモヤ192-1 1986(昭和61)年3月17日 田町電車区

クモヤ192形 0番台

　信号関係の検査を目的とした車両で、信号検測関係の計器や機器を装備。ATS(自動列車停止装置)、ATC(列車自動制御装置)などの保安装置のチェックも行われていた。主電動機はMT54D形であるが、クモヤ193形が4基搭載しているのに対し、クモヤ192形は2基しかなく、運転室側の台車は付随台車のTR69I形、反対側の台車が電動台車のDT32J形だった。このクモヤ192形の床下には、検測機器などの電源となる70kVA電動発電装置のほか、C2000電動空気圧縮機を搭載、屋根には集電用パンタグラフとAU13E形冷房装置を3基搭載していた。なお観測ドームを持つクモヤ193形は屋根にはAU13E形を1基しか搭載できず、床置式AU41A形を2基、車内に設置していた。

　現在の試験車E491系は「East i-E」の愛称を与えられた華やかな車両だが、この頃の検測車は知る人ぞ知る存在だった。

クロ157-1 1987(昭和62)年3月10日 山手電車区

157系
お召し列車用車両がただ1両健在

1959(昭和34)年の日光線(宇都宮〜日光)電化に伴い、準急「日光」専用として投入された車両。特急並みの設備を誇っていた。1976(昭和51)年までにほぼ全車が廃車となったが、貴賓車のクロ157形のみ現存している。

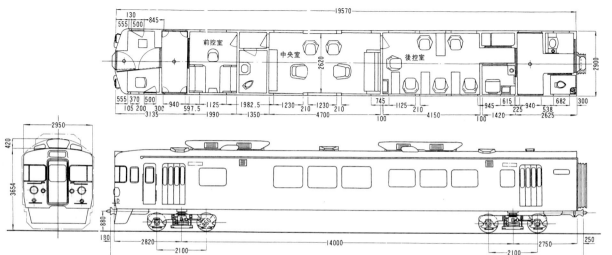

クロ157形

　1960（昭和35）年7月、川崎車輛にて製造されたお召し列車用貴賓車輌。先頭車の形状は、急行形の153系のクハ153形0番台に準拠したスタイルであるが、お召し用であるため先頭車両として走ることはなく、「日光形」とも称された157系に組み込まれて運転した。
　クモハ157-1＋モハ156-1とモハ156-2＋クモハ157-2の2ユニットに挟まれて運転することが多く、原宿駅北側の宮廷用ホームから伊豆や黒磯方面に向けて運転していた。
　大きな3つの窓と折戸の客用扉が特徴的なクロ157形は、落成時から冷房装置を搭載していた。一方、通常の157系は、特急「こだま」などの救済として運転された臨時特急「ひびき」での使用を踏まえ、1963（昭和38）年1月～3月に冷房装置が搭載された。157系は1976年に大半が廃車となり、お召し列車用に使用された先の2ユニットも1980（昭和55）年に廃車となったため、以降は185系に組み込まれての運転に変わった。
　2017年現在も車籍は残っており、東京総合車両センターに配置されているが、時代が平成に変わってクロ157形が本線を走ることはなくなっている。今後どのような「道」に進むか、静かに見守っていたい。

クモハ165-43　1986（昭和61）年9月16日　伊那松島機関区

165系
全国で活躍した標準形急行電車

初の新性能直流急行形電車である153系の改良型として1963（昭和38）年2月に登場。主電動機に1時間定格出力120kWのMT54を搭載、勾配抑速ブレーキを装備した。汎用性が高く国鉄末期に全国で幅広く活躍した。

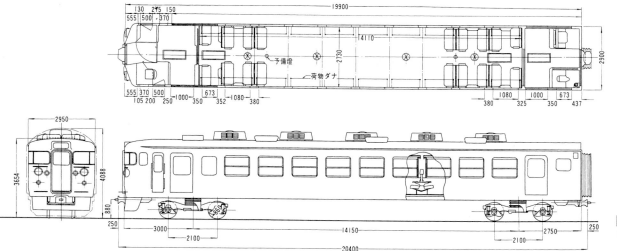

クモハ165形0番台

 急行形車両として広く活躍した165系の制御電動車（Mc車）で、モハ164形とユニットを組んだ。定員は76名。153系の電動車が中間車のみだったのに対し、165系ではこのクモハ165形が主軸となり、最短2M1Tの3両編成も組成できるようになった。

 デビュー当初は、上野口の場合、上野〜新潟間の急行「佐渡」などは新潟運転所、上野〜中軽井沢・水上間などの準急は新前橋電車区が受け持った。

 新潟所属の車両は、奇数向きのクモハ165形を、それまでの通例に従って新潟方に連結していたが、新前橋所属の車両は信越本線横川〜軽井沢間の碓氷峠を越える都合から、峠下側の上野方に連結していた。このため、新潟所属の車両と新前橋所属の車両を連結しようとしても、クモハ165形同士が向き合う形になり、ジャンパ栓の関係から連結できない。車両の貸借では、どこで車両の向きを変えるのかが興味の対象となった。なお、クモハ165形は1970（昭和45）年8月に落成したクモハ165-141にて製造を終えた。写真のクモハ165-43は、下関、岡山、神領、松本、豊橋、静岡など各地を転々として働き、1989（平成元）年に引退した。

モハ165-19 1985（昭和60）年12月5日 大垣電車区

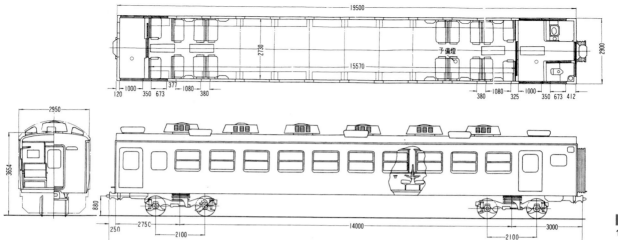

モハ165形

　153系のモハ153形に相当する制御装置付きの電動車（M車）で、クモハ165形と同様、モハ164形とユニットを組んだ。定員は84名。デビューはクモハ165形と同時期であるが、製造は1969（昭和44）年9月に落成したモハ165-21までの21両にとどまる。使われ方も、クモハ165形が全国の直流電化区間の急行用として第一線で活躍したのに対して、本形式は新大阪〜岡山・宇野間の急行「鷲羽」に充当されたほかは、繁忙期は臨時列車、それ以外は団体用などの波動用が多かった。国鉄末期に、東海道線の急行「東海」に使われていた153系の後を引き継いで走り続けたことが印象的である。

　165系は、当初は冷房装置を搭載していなかったが、1968（昭和43）年から1977（昭和52）年にかけて取付工事を実施した。新製時からの装備は1969年の落成車に限られる。写真のモハ165-19はこのうちの1両で、宮原電車区に配属となっていた。

　撮影時は大垣電車区所属で急行「東海」に使用されていた。1986（昭和61）年11月1日に静岡運転所へ移動、急行「富士川」に使用され、JR東海に承継されている。廃車は1996（平成8）年7月1日。

モハ164-20 1986（昭和61）年9月9日 新潟運転所上沼垂支所

モハ164-502 1986（昭和61）年9月16日 伊那松島機関区

モハ164形 0番台

　クモハ165形、モハ165形とユニットを組んだ電動車（M'車）で、0番台は1969（昭和44）年9月までに84両が製造された。パンタグラフを搭載したほか、床下には電動発電装置とC2000形の電動空気圧縮機を搭載していた。客室は、戸袋窓にあたる箇所は2名のベンチシート、ほかは4名のボックスシートを左右に10組ずつ配置、定員は84名。

　写真のモハ164-20は、1963（昭和38）年4月に川崎車輌で製造、新潟運転所に配属となって急行「佐渡」などで活躍し、1985（昭和60）年3月改正以降は、新潟地区の普通電車を中心に活躍した。写真の撮影時は、パンタグラフをPS23形に変更し、中央東線や身延線などの狭小限界トンネルも通過できた。

モハ164形 500番台

　1963（昭和38）年に14両が製造された。トイレ、洗面所がある側に回送用簡易運転台があり、屋根部には前照灯も設置されている。クモハ165形とユニットを組むことで2両増結が可能となり、当時大阪〜宇野間で慢性的に混雑していた四国連絡準急「鷲羽」の増結用として活躍した。その後増備されることはなく、クハ165形を連結した3両編成での運行も多かった。冷房装置は、パンタグラフがあるため集中式のAU72形を搭載、天井のダクトから客室に冷風が吹き出すようになっている。

　モハ164形には、パンタグラフ取付部を低屋根化したことで中央東線などの狭小限界トンネル区間に対応した800番台もあり、新宿〜松本間の急行「アルプス」などで活躍した。

サハ165-9　1986(昭和61)年11月26日　長野第一運転区

サハ165形 0番台

1969(昭和44)年9月から翌年にかけて11両が製造された付随車(T車)。165系は、クモハ165形、モハ165形、モハ164形、クハ165形、サロ165形、サハシ165形の6形式で製造が始まったが、混雑が激しかった新大阪〜宇野間急行「鷲羽」の増発用に本形式が追加投入された。山陽新幹線新大阪〜岡山間が開業すると新潟に転属、ビュフェが営業を取りやめたため、サハシ165形に代わって急行「佐渡」などに組み込まれている。定員は84名。

国鉄末期には、不足する475系、455系の先頭車を補うために5両がクハ455形500番台に改造、東海道線のグリーン車、サロ110形500番台となった仲間もいる。一方、同時期にはモハ164-71やモハ168-901〜904から電装を解除して、サハ165形100番台となった車両もある。0番台の冷房装置が分散式のAU13E形6台だったのに対し、100番台は集中式のAU72形。パンタグラフの撤去跡もあった。

サロ165-126 1985(昭和60)年12月4日 大垣電車区

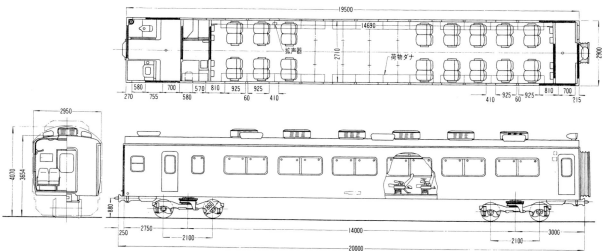

サロ165形

　165系のグリーン車。乗降扉は普通車と同じ片側2カ所だが、ドア幅は普通車の1,000mmに対して700mmと狭い。座席は特急用グリーン車と同じ回転式リクライニングシートをシートピッチ1,160mmで装備、定員は48名。

　当初は冷房装置を搭載していなかったが、1965(昭和40)年2月デビューの急行「アルプス」などに使われたサロ165-30からAU12S形を搭載。1969(昭和44)年5月に落成のサロ165-130からは、普通車と同じAU13Eに変更して、全134両にて製造を終了した。最終増備の5両は、冷房用電源としても使用される20kVA電動発電装置を搭載し、急行「内房」「外房」として新宿・両国から房総半島に向かう急行として活躍した。下降式の客用窓をユニット窓に変更した仲間もおり、165系としては異彩を放つ存在だった。サロ169形へ形式変更した車両や、クハ455形600番台などに改造された車両もあるほか、このサロ165形と同スタイルで抑速ブレーキを持たないサロ163形も存在した。

　写真のサロ165-126は、急行「東海」などのグリーン車として活躍、JR東海に承継され「東海」が特急格上げとなった1996(平成8)年まで走り続けた。

クロ165-4 1987(昭和62)年3月12日 辻堂駅

クロ165形 4

　クハ165形を改造した団体用車両で、クロ165-1・2は幕張電車区所属のお座敷列車「なのはな」、クロ165-3・4は三鷹電車区所属の「パノラマエクスプレス アルプス」となった。このクロ165-3・4は最も人気が高かった展望室を備えている。展望席は12席、リクライニングシート装備の一般席は20席、そしてロビー席が6＋3席の構成だった。運転室のある階上へは、1階展望席後ろから上がる方式となっている。種車はクハ165形であるが車体は新造され、主要機器のみ流用された。竣工は、国鉄ピリオドへのカウントダウンが始まった1987(昭和62)年3月19日。JR東日本に承継された後、2001(平成13)年に引退したが、富士急行に譲渡されて2000形「フジサン特急」として2014(平成26)年まで活躍した。

　眺望抜群の大きな前面窓ガラスから、「大量製造時代」から「個性派時代」への兆しが伝わってきた車両である。

モロ164-804 1987(昭和62)年3月18日 大井工場

クモロ165-4 1987(昭和62)年3月18日 大井工場

モロ164形804

「パノラマエクスプレス アルプス」の中間電動車で、急行「アルプス」などで活躍したモハ164-846を改造した車両。2列のリクライニングシートを備えるが、側窓が大きな1枚窓で眺望を楽しめる。またパンタグラフ下は6名用個室だった。

　165系の改造車両にはもう1編成、幕張電車区のお座敷電車「なのはな」があった。1986(昭和61)年3月に大井工場で改造された車両で、房総急行として活躍していた6両を種車とした。お座敷車両といえば客車だった時代に登場した、国鉄初の和式(お座敷)電車である。お座敷のレイアウトは客車に準拠、客室の片側は通路となっているが、こちらも畳にすることができて、お座敷での宴を楽しみながら旅ができた。

クモロ165形4

「パノラマエクスプレス アルプス」の制御電動車であるが、6両編成の中間電動車として使用された。こちらはクロ165形と異なり種車の車体を活かしており、客室はボックスシートをゆったりとしたリクライニングシートに変更、ユニットを組むモロ164形には6人用の個室、コンパートメントを設けていた。定員はクモロ165形が36名、モロ164形は32名。写真のクモロ165-4はクモハ165-123を種車としており、国鉄分割民営化直前の1987(昭和62)年3月に大井工場にて改造されている。2001(平成13)年からは、富士急行「フジサン特急」として活躍。2014(平成26)年にさよならイベントを行うはずだったが、豪雪被害によって中止となり、そのまま廃車となった。

165系

クハ167-6　1986(昭和61)年5月27日　田町電車区

167系
活躍の場が少なかった修学旅行専用電車

165系をベースに設計された修学旅行専用電車。既存の155系、159系の増備車として52両が製造され、1965(昭和40)年7月に田町電車区、翌年1月に下関運転所に配属された。

クハ167形

　167系の制御車で22両製造された。オレンジ色と黄色のツートンカラーだったが、修学旅行輸送が新幹線に移ると、一般的な湘南色となって臨時列車などに使われた。座席配置や定員はクモハ165形と同じ76名。ボックスシートには先代の修学旅行専用車両である155系と同様に脱着式の大型テーブルを装備していた。乗降が少ないため乗降扉がグリーン車と同じ700㎜と狭いことや、戸袋窓がないことも特徴だった。

モハ167-9　1986（昭和61）年3月17日　田町電車区

モハ166-3　1986（昭和61）年5月27日　田町電車区

167系

モハ167形

　制御装置付きの電動車（M車）で、モハ166形とユニットを組み15両製造。定員84名。167系は、田町電車区には4両編成4本を配属、最長16両編成で主に京都への修学旅行に使用され、繁忙期は臨時列車にも充当された。下関運転所には36両が配属され、修学旅行輸送では急行「わこうど」として、繁忙期は急行「長州」として、東京方面へ10両編成で運転された。

　山陽新幹線岡山～博多間が開業した1975（昭和50）年3月改正で、下関運転所の車両は5編成20両が田町電車区に、残り16両は宮原電車区に転属した。車体塗色も、1975年から1979（昭和54）年にかけて湘南色に変更されている。

モハ166形

　パンタグラフを装備する電動車（M'車）。モハ167形と同様、15両が製造された。定員は84名。モハ166形はモハ164形800番台と同様、パンタグラフ取付部付近が低屋根構造となっている。167系は全車両にトイレと洗面所を装備し、車端部ボックスは休憩室にもなっていたが、モハ166-10以降は、宮原電車区で冷房装置取付工事を行った際にトイレと洗面所を撤去して、車掌室、業務用室へ改造されている。これは、繁忙期に大阪～長野間の急行「ちくま」「くろよん」に使用されたからだ。167系は新幹線が一般社会に浸透する過渡期に登場し、修学旅行用という本来の役目を果たせた期間は短かった。

103

クモハ169-23　1986（昭和61）年11月26日　長野第一車両区

169系
EF63形機関車との協調運転に初対応

165系をベースに、66.7‰という国鉄で最も急な勾配がある碓氷峠越え用として1967（昭和42）年に登場した急行形電車。EF63形電気機関車と協調運転を行うことができ、急行「信州」「妙高」を中心に活躍した。

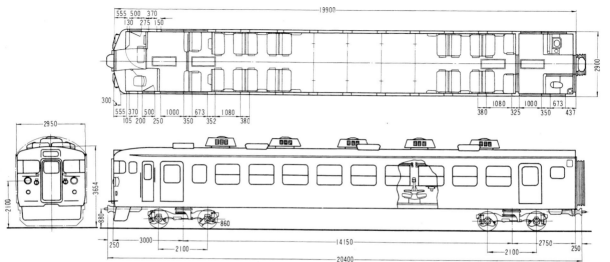

169系

クモハ169形0番台

　信越線横川〜軽井沢間の碓氷峠越え用に開発された制御電動車（Mc車）で、27両が製造された。碓氷峠では、線路と車輪の摩擦力だけでこの急勾配を越えられるEF63形電気機関車が全列車に連結されていたが、当初は単に機関車に押してもらうだけで、8両編成が限界だった。そこで、機関車と協調して電車のパワーを利用し、より大きな輸送力を得る車両として開発されたのが169系だ。1967(昭和42)年11月に165系900番台が試作され、1968(昭和43)年8月に量産車である169系が登場。同年10月のダイヤ改正から、12両による運行を実現した。

　クモハ169形は、協調運転ができるよう専用のジャンパ栓KE70形を備えるほか、EF63形と走行時のトルク均衡を図るために制御装置をCS15C形からCS15D形に変更、抑速発電ブレーキ使用時に備えて主抵抗器も容量をアップしたMR52C形とするなど、クモハ165形から改良されている。写真のクモハ169-23は、1986(昭和61)年11月改正で登場した長野〜飯田・天竜峡間の急行「かもしか」に転用された車両で、アイボリーにグリーンのNをあしらった塗装となり、座席は新幹線0系から転用した転換式シートだった。

105

モハ168-15　1986(昭和61)年5月10日　尾久客車区東大宮派出所

モハ168形0番台

　モハ164形と同スタイルの電動車である。1985(昭和60)年3月改正で、急行「信州」はすべて特急「あさま」に格上げされ、碓氷峠を越える169系の運用はなくなった。活躍線区も長野地区に限られてきたことから、パンタグラフは一般的なPS16形から中央東線の狭小トンネルに対応したPS23A形に変更。1986(昭和61)年11月のダイヤ改正では、リニューアル工事を受けて前述の急行「かもしか」に転用されるグループもいた。

　169系の試作車として4両が製造されたモハ164形900番台はモハ168形900番台に改番されたが、1984(昭和59)年以降サハ165形100番台に改造された。相方を失ったクモハ169形900番台はクハ455形400番台に改造、クハ169形900番台もクハ455形300番台に改造されている。この900番台は、冷房装置にAU12S形を搭載しており、0番台と簡単に識別できた。

クハ169-21 1986(昭和61)年9月16日 松本運転所

クハ169形0番台

　クハ165形と同スタイルの制御車で、長野寄りに連結された先頭車である。協調運転用に新たに設けたKE70形ジャンパ栓を装着していたことが特徴である。クモハ169形、モハ168形と同じ27両が在籍したが、当時は編成管理はされていなかったので、車号はバラバラのことが多かった。このほかサロ165形からサロ169形への改造車が19両、サハシ153形からサハシ169形に改造されたビュフェ併設車が10両あったが、サロ169形は1985(昭和60)年に、サハシ169形も1978(昭和53)年に消滅している。また、1997(平成9)年に信越本線軽井沢〜篠ノ井間を引き継いだしなの鉄道に3両編成4本が譲渡されたが、2013(平成25)年に全車が引退した。

　なお、このうちのS51編成であったクモハ169-1＋モハ168-1＋クハ169-27の3両は長野県坂城町で保存することになり、湘南色に整備されて、坂城駅前に展示されている。

クハ183-12 1986（昭和61）年5月13日 幕張電車区

183系
特急を身近な存在に変えた系列

東京〜錦糸町間地下線の開業に伴い、房総特急「さざなみ」「わかしお」用として登場した直流用特急形電車。従来は考えられなかった短距離の特急列車に使用され、食堂車を用意しないなど、国鉄特急の大衆化を象徴する車両となった。

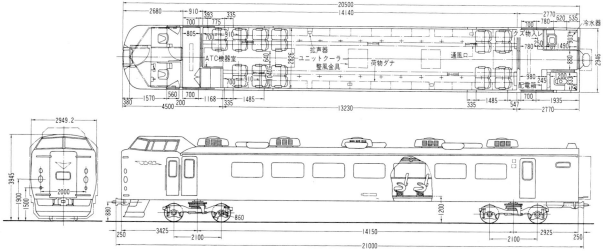

183系

クハ183形 0 番台

　183系の制御車。昼行用特急形電車としては初めて前面貫通型を採用し、70年代以降の国鉄特急の標準的なデザインを確立した。

　183系は、1972(昭和47)年7月、総武本線東京〜錦糸町間の開業と房総東線(現・外房線)の全線電化に合わせて登場した直流用特急形電車だ。食堂車の省略をはじめ、走行距離200km以下の短距離特急への使用を前提に設計され、特急列車の大衆化を推し進めた。房総半島は季節による需要変動が大きく、夏季には立ち客も含めた混雑が予想されたため、普通車は片側2扉とされた。

　クハ183形0番台は、1972年6月から1975(昭和50)年2月まで39両が製造され、全車が幕張電車区に配置された。東京〜錦糸町間の地下線に入線するため地下鉄に準じた火災対策であるA-A基準を満たしており、車両前面には貫通扉が装備されている。同時に、在来線の車両としては初めて全車のトイレに循環式汚物処理装置を装備した。なお、保安装置の都合上、車両番号が奇数の車両は千葉方、偶数の車両は東京方に連結された。

　写真のクハ183-12は1972年7月7日に誕生、生涯を幕張電車区で過ごし、2005(平成17)年12月13日に廃車された。

クハ183-1008　1986（昭和61）年8月16日　松本運転所

クハ183形 1000番台

　1000番台は、耐寒・耐雪仕様が強化されたグループだ。1974（昭和49）年1月から2月にかけての豪雪によって、上野〜新潟間の特急「とき」に使われていた181系電車に故障が続出。本格的な耐寒・耐雪設備を装備した車両の開発が急務となった。そこで登場したのが、183系1000番台である。主に床下機器の構造強化と防雪機能の装備が図られ、その年の12月には早くも38両が完成した。

　その制御車であるクハ183形1000番台の大きな特徴は、前面貫通扉が省略されたこと。貫通路からの隙間風を防止し、電動発電装置と電動空気圧縮機を雪害から守る雪切室を運転室内に設置した。また、総武本線で必要だったATC（自動列車制御装置）機器を搭載しないためスペースに余裕が生まれ、運転室を拡張し、乗務員の居住性向上が図られている。

クハ183-1529 1986(昭和61)年5月13日 幕張電車区

クハ182-2 1986(昭和61)年9月16日 松本駅

クハ183形1500番台

　上越新幹線の開業によって在来線特急「とき」が廃止されるため、総武本線東京〜錦糸町間の地下線で運転できるよう、ATC(自動列車制御装置)機器を取り付けたグループ。車体とトンネル側壁との間が、左右とも400mm以上開いていたため、側面からの避難が可能として貫通扉は追加されなかった。

　1981(昭和56)年11月にまず2両を新製。これは、「とき」に予備車がなかったため、まずATC機器を搭載した2両を新製投入、2両ずつ順次改造していったためだ。最終的に新製車6両と改造車8両が在籍した。写真のクハ183-1529は183系の中でも最晩年まで活躍して2014(平成26)年1月に廃車、現在は群馬県伊勢崎市の華蔵寺公園に保存されている。

クハ182形0番台

　1985(昭和60)年3月のダイヤ改正で、中央東線の特急「あずさ」を増発するため編成を短縮、不足する先頭車を新造することができず、サハ481形100番台にクハ183形100番台と同じ運転室を取り付けた制御車(Tc車)。1985年3月と4月に2両が改造された。車販準備室が残されたため、定員は48名でクハ183形1000番台よりも8名少ない。乗降扉は、後位側は481系時代のステップが残された一方、改造時に増設された前位側の乗降扉にはステップがなく、扉下部の高さが異なる。

　写真のクハ182-2は1985年4月3日にサハ481-111から改造され、国鉄分割民営化当時は松本運転所にいた。廃車は1999(平成11)年10月6日。

183系

モハ183-12 1986(昭和61)年5月13日 幕張電車区

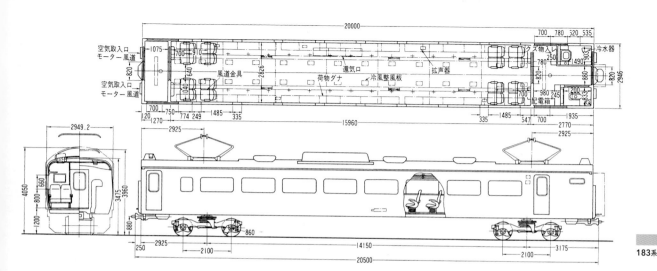

モハ183形0番台

　主電動機や主制御器を搭載し、モハ182形とユニットを組む電動車（M車）で、1972（昭和47）年6月から1975（昭和50）年2月まで各57両が製造された。電気回路の構成は先代の181系に準じており、パンタグラフも2基搭載している。一方で、車体寸法は基本的に485系に合わせてあり、レール面から屋根までの高さは3,475mmで485系と同じだ。

　主電動機は多くの電車で採用された出力120kWのMT54D形。台車は、この時期に製造された485系と同じDT32E形。ブレーキは抑速発電ブレーキ併用電磁直通空気ブレーキなど、70年代初頭に実績のある機器が使用されている。

　シートは、簡易リクライニングシート機構を搭載したR51N形が採用された。ひじ掛けのレバーを引くと背ずりが約15度倒れ座面もせり上がる機構だが、ロック機能が付いておらず、身体を起こすと元に戻ってしまう。車内ではしょっちゅうバタンバタンと背ずりが戻る音が聞こえ、評判は良くなかった。

　写真のモハ183-12は、1972年6月16日に完成し房総特急で活躍していた車両で、国鉄分割民営化後の1993（平成5）年に松本運転所に移ったが1995（平成7）年に廃車された。

モハ182-1056 1986（昭和61）年5月13日 幕張電車区

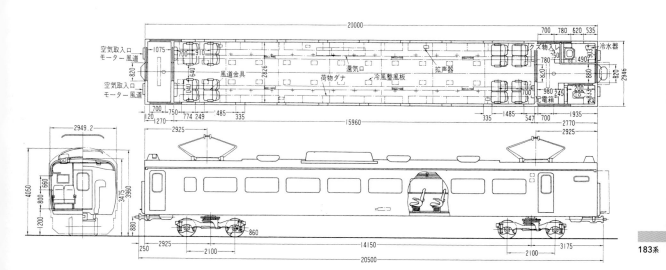

183系

モハ182形1000番台

　上越線用に耐寒・耐雪仕様を強化した中間電動車（M'車）。モハ183形1000番台とユニットを組んだ。0番台では主な制御機器がモハ183形（M車）に集中しており、降雪地帯での点検に不都合が生じる懸念があったため、パンタグラフや断路箱、断流器箱をこちらに移した。そのため、空調装置も0番台とは逆にモハ183形が分散型AU13EN形、モハ182形が集中型AU71A形となった。乗降扉には凍結を防ぐレールヒーターも装備された。

　座席は、0番台の増備車から採用されたR51AN型。座面の高さを385mmから410mmに変更し、座り心地を改善した。なお、シートは1978（昭和53）年製造分から、背ずりのロック機能を内蔵したR51BN形に変更されており、写真のモハ182-1056もこのタイプのシートを装備していた。

　モハ182形1000番台は、モハ183形1000番台とともに58両が製造され、「とき」廃止後は房総特急や中央東線で活躍した。

　写真のモハ182-1056は1978年8月24日に製造され、新潟、幕張を経て松本運転所で国鉄分割民営化を迎えた。JR東日本に承継後は幕張に戻り、2006（平成18）年5月2日に廃車された。

115

サロ183-4 1986(昭和61)年5月13日 幕張電車区

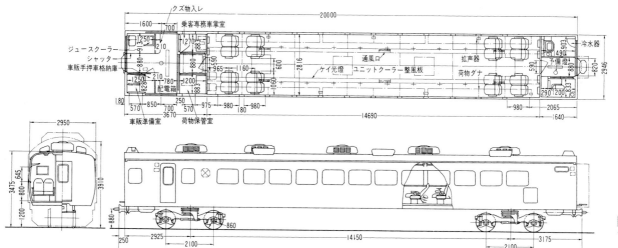

183系

サロ183形0番台

　シートピッチ1,160㎜、定員48名という国鉄の標準的な仕様を踏襲したグリーン車。食堂車を連結しないことを前提に設計されており、車販準備室の向かいにはジュースクーラー、アイスクリームストッカーなどを装備していた。一方で従来は前後に設置されていたトイレ・洗面台は後位1カ所に集約された。

当時は不特定多数が利用する洋式トイレに抵抗を感じる人が多く、和式トイレだけとされたのもこの時代ならではだ。

　乗降扉は、普通車が片側2扉だったのに対し、グリーン車は従来通り前位側のみの片側1扉。使用される線区に客車向けの低いホームがないことから、485系で装備されていた乗降扉のステップは装備されていない。

　サロ183形0番台は、1972（昭和47）年6月から1975（昭和50）年2月にかけて19両が製造されて房総特急に投入された。しかし、国鉄末期にはグリーン車を連結しない列車が増え、このうち8両が、国鉄分割民営化の前後に113系のサロ110形300番台に改造された。

　写真のサロ183-4は、1972年6月16日に、同形式としては最初に落成した車両。幕張電車区所属のグリーン車として勤め上げ、1996（平成8）年12月5日に廃車された。

モハ182-43 1986(昭和61)年5月13日 幕張電車区

モハ182形0番台

　モハ183形0番台とユニットを組む電動車（M'車）で、57両が製造された。0番台では、パンタグラフを含む主要機器はモハ183形に搭載されたため、床下機器は700ℓの水タンクなどにとどまりがらんとしている。空調装置は、モハ183形は大型の集中式AU71A形が1台だったのに対し、こちらは分散式のAU13EN形が5台並んでおり、パンタグラフの有無を含め外観の印象はかなり違う。同じモハ182形でも1000番台はまた外観が異なる。

　0番台は大多数が新製から廃車まで房総特急として過ごしたが、57両中4両は1992（平成4）年から翌年にかけて松本運転所に転属。「あずさ」や「かいじ」に投入され、1997（平成9）年までに廃車された。写真のモハ182-43は1973（昭和48）年9月20日に落成、2005（平成17）年11月4日に廃車されるまで、房総半島を走り続けた。

モハ183-1056 1986(昭和61)年5月13日 幕張電車区

サロ183-1004 1986(昭和61)年5月13日 幕張電車区

モハ183形1000番台

　耐寒・耐雪性能を強化した電動車（M車）。降雪時の整備・点検をしやすくするため、パンタグラフなど一部の機器がモハ182形に移されている。また、東京～錦糸町間の地下線には入線しないため、「1編成2ユニットのうち1ユニットが動力を失っても34‰勾配で起動できる」という条件がなくなり、主制御器はCS15H形から標準仕様のCS15F形に変更された。

　1974(昭和49)年12月から1978(昭和53)年9月にかけて各58両が製造され、大部分が新潟運転所上沼垂支所に配置。10両は田町電車区に配置され特急「あまぎ」「白根」に使用された。写真のモハ183-1056は1978年8月24日に製造され、2006(平成18)年5月2日の廃車まで房総特急として活躍した。

サロ183形1000番台

　耐寒・耐雪装備を強化したグリーン車。座席配置などは0番台と同じで、台枠機器の配置などが変更されている。1974(昭和49)年10月から1976(昭和51)年1月までに10両が新製された。1978(昭和53)年には、サロ481形から4両が改造されて1050番台を与えられた。しかし183系グリーン車は次第に活躍の場を失い、1000番台は7両がサロ110形1300番台やクロ484形などに改造され、1050番台も4両すべてがJR承継後に元のサロ481形に復帰するか、サハ481形に再改造されている。

　写真のサロ183-1004は、改造を受けずに生涯を全うした数少ない車両で、1975(昭和50)年9月3日に製造。新潟から幕張へ移って2001(平成13)年4月27日に廃車となった。

183系

クハ185-15 1986(昭和61)年5月27日 田町電車区

185系
国鉄最後の新型特急用電車

国鉄分割民営化が議論されていた1981(昭和56)年にデビューした、国鉄最後の直流用特急形電車。効率と丈夫さ、メンテナンスのしやすさが優先され、特急用でありながら普通列車にも使用される珍しい車両となった。2017年現在も現役だが、引退も近い。

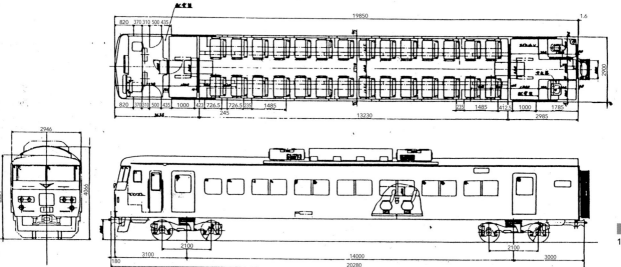

クハ185形 0番台

　先頭車となる制御車。東海道・伊東線で、特急「踊り子」と普通列車に使用された。0番台は偶数向き（伊豆急下田方）で、奇数向き（東京方）は100番台だ。

　185系は、急行「伊豆」や東海道本線の普通列車に使われていた153系を置き換えるために登場した。当初は急行用として計画されたが、「伊豆」が特急に格上げされることになり、特急用に変更。特急と普通の双方に使用するため、座席は非リクライニングの転換クロスシート、窓も開閉可能と、特急らしからぬ仕様になった。運転台も、通勤ラッシュに対応するため、乗務員が速やかに乗降できるよう台枠上370mmの低い位置にある。

　1981（昭和56）年3月から運行を開始した185系は、当初は普通・急行列車として使用され、153系との併結運転も行われた。特急「踊り子」がデビューしたのは同年10月のダイヤ改正からだ。

　写真のクハ185-15は、1981年7月16日に製造され、田町電車区に配属されて特急「踊り子」や普通列車に使用された。リクライニングシートを装備するなどのリニューアルを経て、2011（平成23）年7月からはオリジナルの斜め帯塗装が復刻されている。

モハ185-25　1986（昭和61）年3月17日　田町電車区

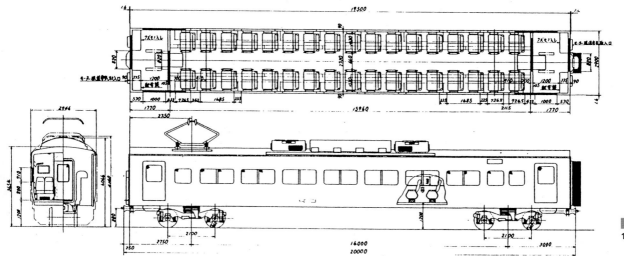

モハ185形0番台

　モハ184形とユニットを組む、パンタグラフ付きの中間電動車（M車）。主電動機は、115系、183系をはじめ数多くの形式で実績のある出力120kWのMT54D形を採用。主制御器は381系や117系と同じCS43A形とするなど、堅実な設計となっている。一方で、運行距離が短く、普通列車にも使用されることから、最高速度は通常の特急用電車よりも10km/h遅い110km/hに抑えられた。歯車比は近郊形と同じ4.82に設定され、加速力が重視された設計となった。

　客室は、新製時は転換クロスシートが採用され、定員を増やすためトイレと洗面所は省略された。定員は68名。当初は通勤輸送を重視してデッキを省略する案もあったが、特急用としては難があるとしてデッキ付き片開き2扉となった。一方で、扉の開口幅は従来の700mmから1,000mmに拡大された。

　写真のモハ185-25は、1981（昭和56）年7月に製造され、田町電車区に配属されて活躍してきた。現在は大宮総合車両センター所属で、普段は修学旅行列車など団体臨時列車として使用。夜行快速「ムーンライトながら」にも投入され、青春18きっぷ愛好家に親しまれている。

モハ184-13 1987（昭和62）年3月14日 東京駅

モハ184形 0番台

　モハ185形とユニットを組む、パンタグラフのない電動車（M'車）。室内照明や空調装置など、客室サービス用の補助電源装置や、電動空気圧縮機などを搭載する。トイレと洗面台も設置されており、座席定員は64名。

　185系の普通車は、通路の幅が660mmと153系よりも120mm拡大され、デッキとの扉も50mm幅を広げて、乗客がスムーズに出入りできるように配慮された。冷房も、183系などよりも高出力のAU75C形が採用された。いずれも、通勤輸送時に多数の乗客が乗車することを想定した仕様である。また、153系が塩害などにより20年足らずで劣化したことを踏まえ、腐食しにくい部材を使うなど、丈夫に作られた結果、JR発足後も30年以上にわたって一線で活躍することになった。ただし、近年はいよいよ淘汰も始まっており、全車引退となる日も近い。写真のモハ184-13も2016（平成28）年10月に廃車となった。

サハ185-7 1986（昭和61）年5月27日 田町電車区

サハ185形 0番台

185系の付随車（T車）。185系0番台は、10両の基本編成と5両の付属編成があり、特急「踊り子」の場合、通常は15両編成で東京を出発、熱海で分割して、基本編成は伊東・伊豆急下田へ、付属編成は修善寺へ向かっていた。サハ185形は5両の付属編成にのみ連結されていた形式で、0番台7両だけが製造された。モハ185形と同様、トイレと洗面台が省略されていた。定員は68名。

185系は車齢5〜6年という働き盛りの時期に全車国鉄分割民営化を迎えた。JR東日本に承継後も、新型車両が次々登場するなか、国鉄時代の姿で活躍を続け、1999（平成11）年からようやくリクライニングシートに換装された。

写真のサハ185-7は、1981（昭和56）年7月1日に川崎重工で製造された車両で、2013（平成25）年5月に、185系として最初に廃車・解体された。

サロ185-12 1986（昭和61）年3月17日 田町電車区

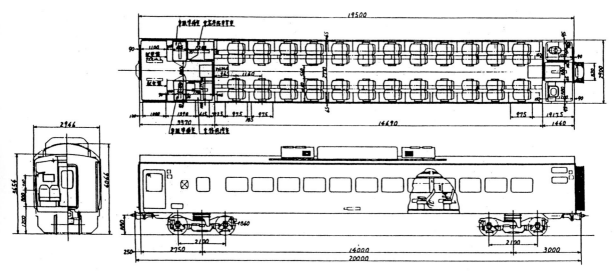

サロ185形0番台

　乗務員室と車販準備室を備えるグリーン車。座席は4列リクライニングシートで、シートピッチは1950年代以来不変の、国鉄伝統の1,160mm。伊豆半島への行楽客の利用が想定されたため、普通車とは逆に豪華な内装が採用された。シートは北海道で活躍していたキハ183系グリーン車と同じタイプで、赤いモケットが使われていた。一方、窓は三段階上昇式の開閉可能窓を使用。外枠がレモンゴールド色に装飾された。

　10両の基本編成にグリーン車が2両組み込まれたのも、この時期に登場した在来線特急としては珍しい。36年が経過した現在も、1編成2両体制を維持している。また、乗降扉は普通車が片側2扉であるのに対し、片側1扉となっているのは、183系を踏襲した。

　185系0番台の特徴の一つに塗色が挙げられる。ボディカラーは白に近いクリームで、シンボルカラーとして緑の3本ストライプを、60度の角度で配している。従来の特急色にこだわらず、バスや船などを参考にして取り入れられたデザインだ。

　写真のサロ185-12は、1981（昭和56）年6月4日に製造、東海道で30年以上働き続け、2013（平成25）年に廃車された。

クハ185-215 1986(昭和61)年6月11日 新前橋電車区

モハ185-230 1986(昭和61)年6月11日 新前橋電車区

クハ185形200番台

　高崎線や上越線などで使用されていた急行形電車165系を置き換えるために登場したグループで、耐寒・耐雪仕様が強化されている。7両編成を基本とし、車体色もクリームをベースに、窓下に緑のラインが入った落ち着いたデザインだ。また、0番台は153系と併結できるようになっていたが、200番台は165系と併結できるようになっていた。上野方の車両は300番台が与えられ、信越本線横川～軽井沢間でEF63形電気機関車を連結できるよう、連結器まわりが強化されている。

　写真のクハ185-215は、東北新幹線開業直前の1982(昭和57)年6月に完成し、現在は臨時「踊り子」や「湘南ライナー」に使用されている。

モハ185形200番台

　耐寒・耐雪仕様を強化した中間電動車(M車)で32両が製造された。パンタグラフが0番台のPS16形からばね覆い付きのPS16J形に変更されたほか、耐雪ブレーキや戸袋ヒーター、空気笛への耐雪覆い取り付けといった対策が施されている。

　200番台は、1982(昭和57)年6月に東北新幹線が大宮～盛岡間で開業すると、上野～大宮間を連絡する「新幹線リレー号」に投入された。200系12両編成の東北・上越新幹線に対応するため7両編成を2本、合計14両で運行された。最盛期には毎日下り28本、上り29本もの「新幹線リレー号」が運行され、国鉄の新型特急用車両として首都圏の人々に広く認知されるようになった。

モハ184-229　1986（昭和61）年6月11日　新前橋電車区　　　　　　　サロ185-215　1986（昭和61）年6月11日　新前橋電車区

モハ184形 200番台

　耐寒・耐雪仕様を強化した、パンタグラフを装備しない中間電動車（M'車）。モハ185形200番台とユニットを組み、7両編成中2両に組み込まれた。製造数は32両。

　「新幹線リレー号」として大活躍した200番台だったが、1985（昭和60）年3月に東北・上越新幹線上野〜大宮間が開業すると活動の場を失った。そこで国鉄は、東北本線や高崎線の急行列車を格上げし、「新特急」として200番台を充当した。新特急は、短距離の特急料金を安く設定し、定期券でも乗車できた通勤向け特急だった。一部の編成は東海道に移って「踊り子」に充当された。写真のモハ184-229は、前述のクハ185-215やモハ185-230とともに、同じ編成を組んでいる。

サロ185形 200番台

185系

　耐寒・耐雪仕様を強化したグリーン車で、1981（昭和56）年12月から1982（昭和57）年6月にかけて16両が製造された。車両の外観は0番台とほぼ同じだが、トイレに小窓が設けられた点が異なる。

　写真のサロ185-215は、1982年6月18日に東急車輌で製造された車両で、本書で紹介している185系200番台の各車両と、デビュー以来同一の編成を組んでいる。2013（平成25）年、グリーン車のみそれまでの上野方から数えて6両目から、編成中央の4両目に組み替えられ、同時に方向を転換した。近年は「あかぎ」「草津」などに使われていたが、651系が投入された現在は、臨時「踊り子」などに使用されている。

クハ189-1　1986（昭和61）年6月12日　軽井沢駅

189系
碓氷峠に対応した183系の完成形

183系1000番台をベースに、信越本線横川〜軽井沢間の急勾配に対応するためEF63形電気機関車との協調運転を可能とした系列。155両が新製、183系や485系から29両が改造され、特急「あさま」などで活躍した。

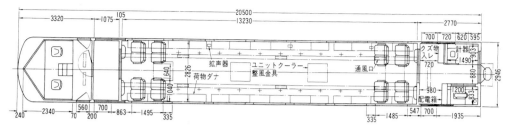
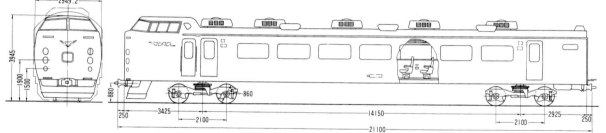

189系

クハ189形0番台

　189系の奇数向き制御車（Tc車）で、信越本線では長野方の先頭車として使われた。クハ183形1000番台に準じた仕様となっており、貫通扉はない。定員は56名。

　北陸新幹線高崎〜長野間が開業する以前、最大66.7‰の国鉄最急勾配区間である信越本線横川〜軽井沢間の碓氷峠では、すべての列車がEF63形電気機関車2両を上野方に連結していた。この区間では、運転操作はすべて機関車側で行われ、189系をはじめとする横軽対応形式には、機関車側からの操作によって、ブレーキなどの機器を連動できる協調運転が可能だった。そのため、各車両には協調運転用の信号を伝達する19芯ジャンパ連結器（KE76形）が取り付けられている。機関車が推進運転を行う下り列車では、本車両の運転士が前方監視を行うため、運転席前面に機関車の運転士へ危険をいち早く知らせるB3A形吐出弁が設置されている。

　クハ189形0番台は1975（昭和50）年5月から1979（昭和54）年6月にかけて14両が製造された。写真のクハ189-1は、北陸新幹線高崎〜長野間が開業した1997（平成9）年12月以降は松本運転所、幕張電車区と移り、2009（平成21）年4月に廃車となった。

クハ189-503 1986(昭和61)年6月12日 軽井沢駅

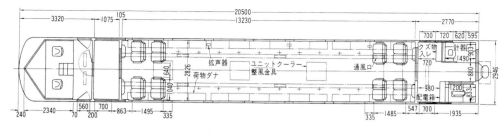
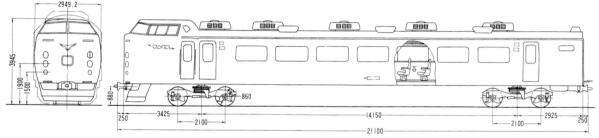

クハ189形 500番台

　14両が製造された189系の偶数向き制御車（Tc車）で、信越本線では上野方先頭車として使われた。横川～軽井沢間ではEF63形電気機関車に連結されるため、連結部の仕様が0番台とは異なり、車両下部の左右に55芯のジャンパ連結器（KE70形）が取り付けられた。1位側（前面向かって左）が一般制御用、2位側（同右）がEF63との協調用である。また、横川・軽井沢両駅で頻繁に連結・解放作業を行うため、ブレーキ管の締切コックが車両後位側にも設けられるなど、作業効率を向上させる工夫が見られた。

　クハ189形500番台とEF63形電気機関車が連結されると、機関車側の協調運転設定スイッチが作動。編成最後尾まで信号が伝わったところで、電車側の「横軽スイッチ」をオンにすると信号が機関車側に戻り、協調運転が可能となった。また、横軽間では、事故防止のため、空気によって台車の揺れを吸収する空気ばねの使用が禁止されており、空気を抜く空気ばねパンク装置が搭載されている。

　写真のクハ189-503は1975（昭和50）年6月に製造され長野運転所に配置。一度も転属することなく、2001（平成13）年12月10日に廃車された。

モハ189-1　1986(昭和61)年6月12日　軽井沢駅

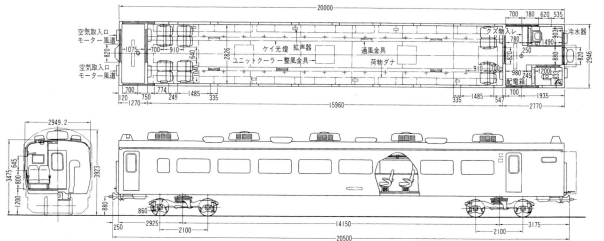

モハ189形0番台

　モハ183形1000番台を基本に設計された、189系の中間電動車(M車)。モハ188形とユニットを組んだ。主制御器は、183系0番台がCS15H形、同1000番台がCS15F形を搭載したのに対し、協調運転対応の交直流電車である489系と同じCS15G形を搭載して、横軽間に対応した。その他の機器は、主電動機が出力120kWのMT54D形、主抵抗器がMR52D形など、モハ183形1000番台と同じものが搭載されている。一方で、183系にはない直通予備ブレーキを設けており、急勾配の横軽間に備えた。定員は68名。

　モハ189形0番台は、モハ188形0番台とともに、1975(昭和50)年5月から1979(昭和54)年6月までの間に52両が製造された。モハ189-31からは評判の悪かった簡易リクライニングシートが、ロック機能付きのR51BN形に変更されるなどの改良が施された。

　写真のモハ189-1は、国鉄最後のダイヤ改正が行われた1986(昭和61)年11月に松本運転所に移って183系の編成に組み込まれ、「あずさ」としてJR発足を迎えた。その後、1991(平成3)年にグレードアップ工事を受け、2004(平成16)年10月22日に幕張電車区で生涯を終えている。

モハ188-1 1986（昭和61）年6月12日 軽井沢駅

モハ188形 0番台

　モハ189形とユニットを組んだ電動車（M'車）。モハ182形1000番台がベースで、PS16J形パンタグラフを前後に2基搭載しているが、JR化後の1993（平成5）年度から1基が撤去された。碓氷峠を上る際の非常ブレーキに対応するため電磁給排弁CS13-1A形を搭載しており、そのためモハ182形1000番台とは機器配置が異なる。定員は68名。

　189系は、製造年次が183系よりも新しく、183系を運用するなかで得られた知見から、数々の細かい改良が施されている。北陸新幹線長野開業後は中央東線などに転出して長く使われることになった。2017年現在も長野総合車両センターに6両編成1本、豊田車両センターに6両編成3本が在籍している。写真のモハ188-1は、P134のモハ189-1と生涯を共に過ごし、2004（平成16）年10月22日に廃車された。

クハ188-101 1986(昭和61)年11月26日 長野第一運転区

サロ189-9 1986(昭和61)年6月12日 軽井沢駅

クハ188形 100番台

　登場時は10両、その後12両で運行していた「あさま」を9両に短縮し、編成を増やして増発しようと、国鉄末期の1986(昭和61)年にサハ481形から改造された制御車(Tc車)。長野方の奇数向きに連結され、協調運転用の回路が取り付けられた。車販準備室を撤去し、0番台と同じ定員56名を確保している。上野方の偶数向きは600番台が与えられ、各2両が改造された。写真のクハ188-101は、サハ481-113を改造した車両で、1999(平成11)年6月まで活躍した。

　他形式からの改造車には、他にクハ183形1000番台から改造されたクハ189形1500番台、モハ182形・183形1000番台から改造されたモハ188形・189形1500番台などがある。

サロ189形 0番台

189系

　189系のグリーン車で、サロ183形1000番台に横軽協調運転対応機器を装備した車両。10両が製造された。定員は48名。横軽間では空気ばねの空気を抜いて運行したため、通過後の軽井沢駅、横川駅では改めて空気を注入する必要があった。そのため、本形式には通常グリーン車には搭載されない電動空気圧縮機を装備している。空気を抜いた状態で走ると、車内には線路からのゴツ、ゴツという感触が客室に伝わり、険しい峠を越えていると実感したものである。この他、電動発電装置を搭載した100番台もあり、こちらは13両製造されている。写真のサロ189-9は1975(昭和50)年12月4日に製造され、JR東日本承継後の1999(平成11)年5月10日に廃車となった。

クモハ200-902 1986(昭和61)年4月23日 三鷹電車区

201系
1980年代を象徴する「省エネ電車」

101系の老朽化などにより開発された通勤形直流電車。従来の抵抗制御に替えて、電機子チョッパ制御方式を国鉄が独自に開発。ブレーキ時に発電した電気を架線に供給する電力回生ブレーキを国鉄形電車で初めて実用化するなど、「省エネ電車」として登場した。

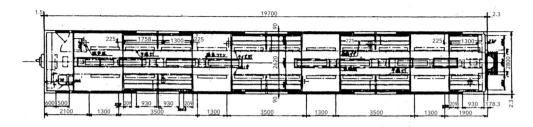
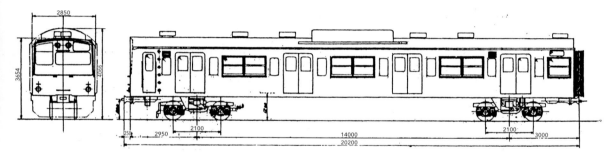

クモハ200形900番台

「21世紀の省エネ電車」を目指して1979(昭和54)年に試作された、201系の制御電動車(M'c車)で、2両が製造された。201系の特徴であるチョッパ制御装置はユニットを組むモハ201形に搭載され、こちらには電動発電装置や電動空気圧縮機といった補機を積む。

当時、1954(昭和29)年登場のクハ79形350番台以降ほぼ同一だった顔が飽きられており、前面は化学処理で黒色にした鋼板に、異なる形状のガラスを組み合わせたデザインとなった。「額縁顔」、「テレビ顔」と呼ばれ、ガラスの小ささを隠す工夫でもある。

客室の床の中央部には、立ち客向けに握り棒が設けられた。かえって邪魔だと撤去されたものの、1990年代の通勤電車ではロングシートの途中に座席の仕切りも兼ねて同じコンセプトの握り棒が復活した。運転台はクモハ200-901が横軸式のMC60X主幹制御器ハンドルを搭載、計器はパネルに収納して暖色系にまとめられ、クモハ200-902は103系などと同じ縦軸式のMC59Xながらコンパクトな主幹制御器ハンドル、従来型の計器で寒色系にまとめられた。中央線と総武線で活躍した後、2001(平成13)年に京葉線に移り2005(平成17)年11月2日に廃車された。

モハ201-903 1986(昭和61)年4月23日 三鷹電車区

モハ201形900番台

　チョッパ制御装置を搭載する201系の電動車(M車)。10両の試作車中、4両と最も多い。201系は、電機子チョッパ制御という、主電動機で誘導起電力を発生させる電機子にチョッパ制御装置を接続し、直流電源を高速で入れたり切ったりすることで電圧を連続的に変化させる速度制御を行う。東京〜高尾間の電力消費量は、10両編成の103系が47.1kWhであったのに対し、201系は力行時が45kWh、回生ブレーキで14.1kWhを架線に戻すので差し引き30.9kWhと、34％減が見込まれた。

　試作車の特徴は2基搭載したパンタグラフだ。離線が発生するとチョッパ制御が不可能と考えられたためだが、試験の結果、特に問題も起きなかったので、後に1基は撤去された。腰掛は座面を下げ、背もたれを伸ばして座り心地が改善された。端には袖仕切を取り付けたほか、7人掛けの腰掛けでは中央1人分の色を変えて着座位置を示している。

クハ201-133 1985（昭和60）年10月9日 豊田電車区

クハ201形 0番台

　クハ201形の量産車。全長は試作車の20,200mmから20,000mmへ200mm縮められた一方、運転室の奥行は1,370mmのままだ。運転室と客室との仕切は100mmから150mmへと厚くなったので、仕切から乗降扉までの寸法が630mmから380mmに短縮された。このため、試作車ではこの位置に設けられていた戸袋窓が省略された。戸袋窓は両引戸の窓と上下の寸法がそろえられ、約640mmへと約120mmほど縮められている。クハ200形との外観上の違いは前面のジャンパ栓納めくらいだ。

　車体は軽量化のために外板の素材が熱間圧延軟鋼板から高耐候性圧延鋼材へ、耐久性向上を目的に屋根板に張られた屋根布（やねふ）から塗装に変更されて、床詰物の厚みは増した。また、試作車は天井の低さが不評だったため、屋根の高さを3,675mmへ21mm上昇。床面高さも1,180mmへ20mm下げて、客室空間が広げられた。

クハ200-132 1985(昭和60)年10月9日 豊田電車区

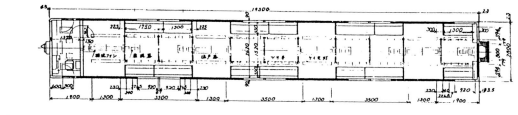
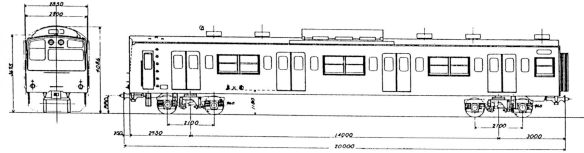

201系

クハ200形 0番台

　201系は量産化の際にクモハ200形が姿を消し、先頭車はすべて主電動機（モーター）を搭載しない制御車となった。制御車は一度連結されると、あまり向きを変えない。201系では電気連結栓の取付位置を一カ所にして両端の制御車を区別した結果、基本的に偶数の車号を持つ車両を連結していた場所に偶数形式のクハ200形を連結した。なお、クハ200形の反対側に連結される制御車は奇数形式のクハ201形だ。今日のJR各社では、このように向きを明確にした車種の構成は常識となっているが、当時はとても斬新であった。

　特徴のある前面デザインは試作車から引き継がれ、量産車では運行番号表示器まわりも黒色となった。行先表示器は、試作車の車両後位から、車両を左右どちらから見ても右側となる位置に変更された。行先表示器が隣り合ったりするアンバランスが解消された。

　写真のクハ200-132が用いられた中央線快速では、特別快速として運転する場合、行先表示器とは別に前面腰板部に種別表示板を掲げていたが、1986（昭和61）年3月3日のダイヤ改正で廃止された。しかしこれは不評で、JR化後、小型の種別表示板が復活。後に種別表示器が装着された。

モハ201-49 1986(昭和61)年9月10日 豊田電車区

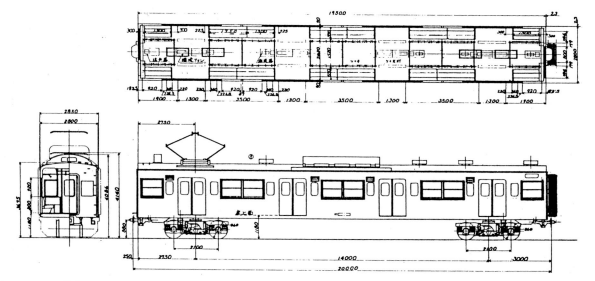

モハ201形0番台

　電動車（M車）の量産車。モハ201形の歯数比は5.6と、103系の6.07よりも高速仕様で、1時間定格速度も52.1km/hと103系より速い。これは、最高100km/h程度で走行する中央線快速列車で、効率的に電力回生ブレーキを作動させるための方策だった。

　電機子チョッパ制御で電力回生ブレーキを作動させるには、主電動機で発電される電圧を架線の電圧より低くしなければならない。だが、高速域ではしばしば架線の電圧を上回り、制御不能に陥った。そこで、歯数比を下げ、1時間定格速度を上げることで主電動機の回転数を抑え、発電される電圧を抑えたのだ。他にも、発電される電圧を下げる工夫としてブレーキの際の弱め界磁制御や、直列の抵抗の挿入といった方策が採用された。

　299両が量産されたモハ201形は、試作車と比較して、電力回生ブレーキの効きも省エネ効果も向上したが、高速域での電気ブレーキ力は103系ほど大きくはなかった。このため、増備の途中でチョッパ制御装置に改善が加えられたり、既存の車両も制御パターンを変えて制動力を高めたりといった改良が加えられた。201系は、国鉄にとって永遠に未完成の電車であったのだ。

モハ200-115 1985（昭和60）年10月9日 豊田電車区

モハ200形0番台

　モハ201形とユニットを組む電動車（M'車）。モハ201形に比べると、パンタグラフなどの集電装置を装備せず、チョッパ制御用外気取入口もない。

　試作車と比べると、補助装置類が変更されている。電動発電装置は、直流電動機に代えて誘導電動機で三相交流発電機を駆動させる方式になり、容量も160kVAから190kVAに増大した。電動空気圧縮機も、直流電動機に代わって誘導電動機で圧力空気をつくる方式に改められた。この結果、従来とてもやっかいな存在であった直流電動機のブラシが姿を消し、省力化が進んだ。

　写真のモハ200-115は、1982（昭和57）年12月21日に近畿車輛で製造されて豊田電車区に所属、2007（平成19）年9月に廃車となるまで、一貫して中央線快速線を中心に使用された。

サハ201-52 1985（昭和60）年10月9日 豊田電車区

サハ201形 0番台

　量産時に初めて誕生した形式で、モハ200形から電気機器や補機を取り外した中間付随車。試作車のモハ201-901、モハ200-901からそれぞれ改造されたサハ201-901・902もある。特にサハ201-901は、付随車には不要の外気取入口やパンタグラフ取付台などがそのまま残され、他のサハ201形とは異なる姿をもつ車両となった。なお、サハ201-92〜100、そしてモハ201・200-264〜299、クハ201・200-135〜155は、製造コストの削減のためにバランサ付きの側面の窓を103系同様の二段上昇式窓にした軽装車で、ややみすぼらしいつくりで登場している。

　写真のサハ201-52は1982（昭和57）年12月に製造された初期量産型である。車号表記が金属製であるなど本来の201系らしい姿をもつ。JR西日本で2017年現在も活躍しているグループも、初期グループと同様のステンレス製切り抜き文字が輝いている。

クハ203-7 1986(昭和61)年4月17日 松戸電車区

203系
軽量の地下鉄乗り入れ車両

201系をベースに開発された地下鉄乗り入れ用チョッパ車。常磐線と帝都高速度交通営団（現・東京地下鉄）千代田線との相互直通運転に投入された。車体はアルミ合金製で軽量化を果たしたが、客室設備は201系とほぼ同一である。

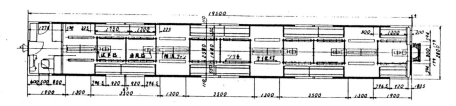
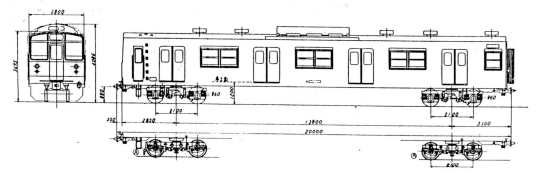

クハ203形 0番台

　常磐線は、1971（昭和46）年4月20日の開業以来、103系1200番台10両編成が用いられており、1982（昭和57）年11月15日に常磐線我孫子〜取手間の複々線が完成した際、1編成の増備が必要となった。だが、103系は主抵抗器からの排熱で千代田線のトンネル内の温度を上昇させてしまうという問題を起こしており、営団は国鉄に対してチョッパ制御を行う電車の投入を求めていた。こうして製造された通勤形直流電車が203系だ。10両編成17本170両が製造され、全車が松戸電車区に配属された。

　クハ203形は奇数向きの制御車で、取手方を向いている。201系と同様、前面に黒を配した「額縁顔」ながら、地下鉄対応の貫通扉を装備したほか、前照灯は目玉のように窓下左右に配置されている。103系からのイメージチェンジを図るため、先頭部に傾斜を持たせたのも特徴で、印象は201系とはかなり異なる。運転席上部右側には、国鉄の電車であることを示すJNRマークが掲げられており、JR化と同時にJRマークに変わった。運転操作を行う主幹制御器ハンドルは、営団との協定によって103系同様の縦軸式を搭載している。

203系

モハ203-20　1986（昭和61）年4月17日　松戸電車区

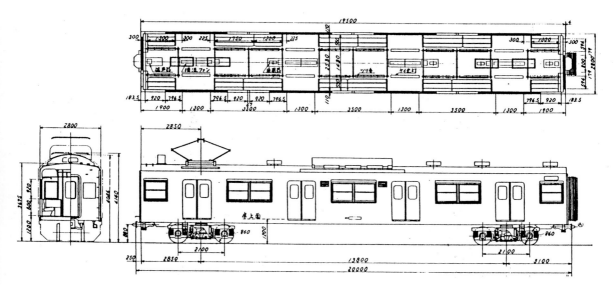

203系

モハ203形0番台

　主制御装置、チョッパ制御装置などを搭載する中間電動車のM車。チョッパ制御とは、電気のオンオフを高速で繰り返し、電圧や電流をコントロールする仕組み。電機子チョッパ制御を行うCH1A形チョッパ制御装置は半導体である主サイリスタに大容量の素子を採用して並列の素子を減らし、軽量化と低コスト化を実現した。

　千代田線内で求められる加速力を満たすため、歯数比は201系の5.60から6.07へと高められた。高速時には電力回生ブレーキの効き目が落ちるが、駅間が短く速度が低い地下鉄用として割り切った。ブレーキ時も、試作車では高速時に有効な弱め界磁制御をやめて全界磁制御だけを行い、この結果モハ201形に搭載されていた誘導コイルは不要と判断され、これだけで600kg軽くなった。

　ただし量産車では、回生ブレーキを全界磁・弱め界磁切り替え方式に変更された。

　写真のモハ203-20は1984(昭和59)年3月28日に近畿車輛で製造され、2010(平成22)年12月に廃車となるまで常磐線と千代田線を走り続けた。

サハ203-13 1986（昭和61）年4月17日 松戸電車区

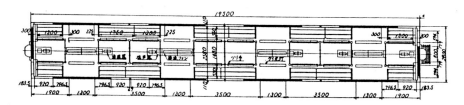
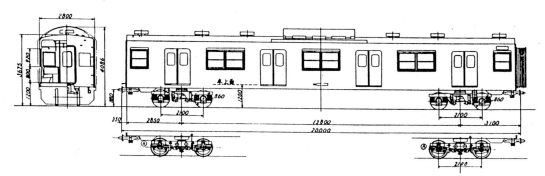

サハ203形0番台

　極端とも言える軽量化を図った203系の各形式のなかでもサハ203形は最も軽い。自重は24.4tと、軽量客車として知られるナハ10形の25.0tをも下回る。

　サハ203形が、サハ201形から6.2tもの軽量化を実現した第一の理由は、車体の素材に大型押出形材を用いたアルミニウム合金を採用したことで、これにより4.3t軽くなった。さらにTR234形台車の採用によって1.3t、戸袋窓の撤去で0.13t、車体外板の無塗装化と冷房装置の軽量化で0.12tずつ、残り0.23tは両引戸のアルミハニカム化、電線の見直し、主回路のダクトのアルミ化などによって、自重24.4tを達成したのである。

　TR234形台車にも、軽量化の努力が詰まっている。台車枠の厚さを201系が装着するTR231形の12mmから9mmに薄くして0.52t、基礎ブレーキ装置をディスクブレーキ装置から踏面ブレーキ装置へと変更して0.78tを稼いだ。TR234形は枕ばりを備えており、それがないボルスタレス台車付きの100番台はさらに軽い。自重は21.9tと、有がい車のワキ10000形の21tにも迫る。

クハ202-1 1986(昭和61)年12月5日 松戸電車区

モハ202-19 1986(昭和61)年4月17日 松戸電車区

クハ202形 0番台

　代々木上原方の制御車(Tc車)。一見クハ203形とほとんど変わらず、電気連結栓の取り付け位置くらいしか違いがわからない。実際には、クハ202形には容量20Ahの蓄電池が搭載されておらず、自重は26.5t。クハ203形に比べて0.5t軽い。

　203系は軽量化はもちろん、電動車の質量と制御車、付随車の質量との差をなるべく広げることとした。これも千代田線での加速力を確保するための方策だ。201系ではクハ201・200形に搭載されていた容量40Ahの蓄電池は容量を半分に減らし、3両のモハ203形と1両のクハ203形に積んで、編成当たりでの容量は201系と同じとしている。

モハ202形 0番台

　電動車(M'車)で、電動発電装置や電動空気圧縮機といった補機を搭載する。203系はブレーキ時に全界磁制御だけを行い、高速域での電力回生ブレーキのブレーキ力不足を許容する方針で設計された。だが、営業開始早々、モハ203・202形の制輪子に異常摩耗が発生してしまう。想定を超えて電力回生ブレーキが効かず、高速走行時に電磁直通空気ブレーキ装置が作動したのだ。これは車両修繕費の増加につながり、何よりも消費電力の節約にも結び付かない。検討の結果、50km/h以上でブレーキを作動させるときには弱め界磁制御を行うことが決定され、1984(昭和59)年製造の2編成目から導入された。1編成目の1〜4も後から改造された。

モハ203-126　1986（昭和61）年4月17日　松戸電車区我孫子派出所

モハ202-125　1986（昭和61）年4月17日　松戸電車区我孫子派出所

モハ203形100番台

　203系は80両を製造したところでマイナーチェンジが実施された。1985（昭和60）年3月に登場した2次量産車から、台車は枕ばり装置付きをやめて軽量・シンプルなボルスタレス台車となり、100番台の車号が与えられた。0番台で35.9tあった自重は100番台では32.3tと3.6t軽くなった。

　モハ203形100番台が装着する台車はDT50A形だ。国鉄で初めてボルスタレス台車を採用した205系のDT50形と基本的には変わらない。203系100番台の登場は、205系デビューからわずか2カ月遅れただけ。国鉄は、205系のボルスタレス台車が実用化に成功したから203系に導入したのではなく、最初から自信を持っていたのである。

モハ202形100番台

　100番台が製造された頃、国鉄の通勤形電車は201系から205系へと移っていた。だが、203系の製造は続けられた。添加励磁制御の205系は加速時には抵抗制御を行うので、203系開発のきっかけとなった103系1000番台と同じ熱の問題が生じると考えられたためだ。

　今日では、重要部検査や全般検査の際に先に検査を終えて整備済みの台車を装着して、検査日数を減らす措置を取る鉄道事業者も多い。だが、203系は0番台と100番台とでは台車はもとより、台枠も異なり、異なる方式の台車を装着することはできない。この点からも、効率的な検査よりも軽量化が優先されたことがわかる。

203系

クハ205-1 1986(昭和61)年3月14日 山手電車区

205系
軽量・低コストの新世代車両

201系の電機子チョッパ制御装置が高コストであったことから、軽量・低コストの通勤電車として開発された形式。界磁添加励磁制御、ボルスタレス台車といった新しい技術が国鉄形電車に初めて導入された。

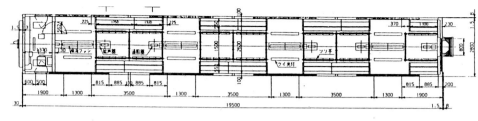

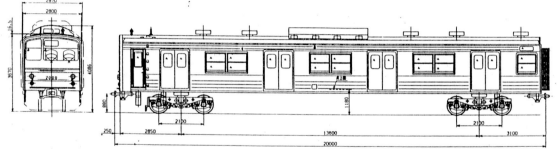

クハ205形0番台 量産先行車

　1985(昭和60)年3月14日の時刻改正で、国鉄は横浜線、武蔵野線の輸送力増強を図ることを決定。車両は山手線で使われている103系でまかなうこととし、その代わりとなる車両10両編成4本が必要になった。そこで開発されたのが、205系である。

　財政難に苦しむ国鉄は、コスト削減を主な目的に、様々な新機軸を205系に投入した。軽量ステンレス車体や、モハ205形とモハ204形とをつなぐ半永久連結器、枕ばり装置を必要としない軽量ボルスタレス台車も、国鉄では205系で初めて採用された。クハ205形では、間けつ動作も可能な電動式の窓拭き器も初めて搭載された。

　クハ205形は奇数向きの制御車で、東京駅で見ると神田方を向いている。写真のクハ205-1は4両製造された量産先行車で、窓が二段窓となっている。

　従来の車両では運転室後方に搭載されていた山手線用のATC-6形車上装置は、床下に移され、客室スペースの拡大と車内の見通しの改善を実現した。床下は旧型のクハ103形やクハ203・202形でも空いており、それ以前にもやろうと思えばできたのかもしれない。コロンブスの卵的な発想だった。

モハ205-1 1985（昭和60）年10月26日 大塚駅

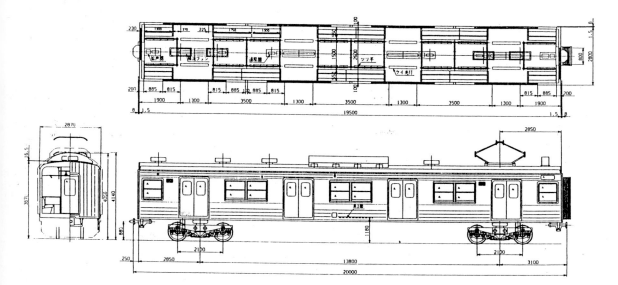

モハ205形0番台 量産先行車

　主制御装置などを搭載する中間電動車（M車）だ。PS21形パンタグラフ1基をモハ204形側に載せている。

　モハ205・204形に導入された添加励磁制御は205系最大の特徴だ。JISによれば添加励磁制御とは「直流直巻電動機の界磁巻線に主回路以外の電源から電流を重畳して行う速度制御方式」（JIS E4001の番号61116）を指す。力行時は抵抗制御を行うものの、ブレーキ時には発電装置から供給された電気（添加励磁電源）を回路に流して、主電動機（モーター）の電圧を架線からの電圧よりも上げ、電力回生ブレーキを作動させる。チョッパ制御よりも低コストで、かつ省エネの制御装置として、世界で初めて205系が採用した。

　モハ205形のうち、最初の4編成に組み込まれた1〜12の12両は側面の窓が二段窓である。窓は上段下降・下段上昇式。上段は窓バランサとも呼ばれる窓釣り合い機付きで、取っ手を軽い力で動かすだけで窓は開く。これは、軽装車となる前の201系にも搭載されていた。ただし、205系が登場した頃から電車は空調完備が当たり前となって旅客が窓を開ける機会は少なくなり、窓釣り合い機はほぼ飾りとなった。

モハ204-2 1986(昭和61)年5月27日 山手電車区

モハ204形0番台 量産先行車

モハ205形とユニットを組む電動車(M'車)。容量190kVAのDM106形電動発電装置は、照明などのサービス電源に用いられるほか、MT61形主電動機に三相交流440V・60Hzを供給して添加励磁制御を行う。力行時に使用した弱め界磁制御の回路のまま電動発電装置からの添加励磁電流を強めると、MT61形の誘起電圧は架線電圧よりも高くなり、電機子電流が分路側を逆に流れて電力回生ブレーキが作動する。ごく簡単に言えば、床下で発電された電気が、架線からの電気とバランスを取ってスピードを弱める仕組みだ。

電動発電装置は一般に補機用の電源をつくる装置だが、モハ204形では主回路用にも使われ、もはや補助電源装置とは言えない。10両編成中3両のモハ204形に搭載された電動発電装置の電力供給には余裕があり、JR化後、真ん中の1両から撤去された。

サハ205-2 1986（昭和61）年5月27日 山手電車区

サハ205形 量産先行車

　205系の付随車（T車）で、二段窓を搭載した量産先行車は1〜8の8両が製造された。205系中、最も軽い形式だ。自重は23.6tと、アルミニウム合金製でなおかつボルスタレス台車を履くサハ203形100番台の21.9tに迫り、軽量ステンレス車体の面目躍如である。2017年現在最新鋭であるE235系の付随車が27t台であることからも、軽量ぶりがわかる。

　車内設備などは、201系のサハ201形に準じているが、軽量化のために妻窓と戸袋窓が省略された。戸袋窓を廃止しても乗客から「車内が暗い」といった苦情は少なく、205系以降の通勤電車は戸袋窓を廃止して広告スペースとするケースが増えていく。

　写真のサハ205-2は、クハ205-1、モハ205-1、モハ204-1などと共に、205系の第一編成として1985（昭和60）年1月31日に落成した車両だ。JR化後に京葉線に移り、2011（平成23）年9月11日に廃車された。

205系

161

クハ205-17　1986(昭和61)年5月27日　山手電車区

クハ205形 0番台 量産車

　1985(昭和60)年7月に登場したクハ205-5以降は、量産車として客室窓が一段下降式となり、ようやく同時期の民鉄と肩を並べるスマートな姿となった。38までが国鉄時代に製造されたほか、JR化後も車番を続けて149まで、さらには500番台13両、1000番台5両の計167両が製造された。山手線の電車は一周するたびに大崎駅で列車番号が変わる。列車番号の表示も頻繁に変更されるため、山手線用の4～34では列車番号表示器が幕式から耐久性の高い磁気反転表示器のマグサインへと改められた。

　クハ205・204形の運転台は、主幹制御器が横軸式で前後操作、ブレーキ制御器が縦軸式で回転方向操作と、操作方式は201系と同じだ。ただし、ブレーキ制御器は電気接点のみで、カム軸自体は横軸式であり、機構上足元に余裕が生じた。ブレーキハンドルは旧来の国鉄形電車と異なり、取り外せない。

モハ205-110 1986（昭和61）年12月28日 大阪駅　　　　モハ204-45 1986（昭和61）年3月14日 山手電車区

モハ205形 0番台 　量産車

　車号13以降の量産車で、側面の窓が一段下降式となった。DT50形台車は軸受のまわりのつくりがやや変えられてDT50D形に改められたものの、ボルスタレス台車、円すい積層ゴム式軸箱支持という特徴は同じだ。国鉄時代に製造されたモハ205形は110両。うち102両は山手電車区（現在のJR東日本東京総合車両センター）に投入されて山手線用、残り8両は兵庫県の明石電車区（同JR西日本網干総合車両所明石支所）に投入されて東海道・山陽線緩行線で活躍を始めた。駅間の長い路線での運転にも適した205系は、201系がやや苦手とした東海道・山陽線緩行線での運用も難なくこなす。ただし、MT61形主電動機が発するうなり音は相当なものであった。

モハ204形 0番台 　量産車

　電動発電装置や電動空気圧縮機などの補機を搭載する電動車（M'車）。自重はモハ205形の32.6tに対し、モハ204形は34.4tと重い。モハ205形搭載の主抵抗器が力行時限定となって小型化されたためで、バランスを取るためにモハ205形に蓄電池を搭載してもなおモハ204形の方が重かった。

　一段下降窓の採用により、腰掛下に設置されるリンク式の戸閉め装置は、窓への干渉を避けるために、開閉棒式のTK-4J形から開閉てこ式のTK-4K形へと変更された。さらに車端部には主電動機冷却風取入口に干渉しないよう、開閉棒と開閉てこを組み合わせたTK-4L形が採用された。TK-4K形とTK4-L形では開閉速度が異なる点も205系の名物だった。

205系

クハ207-901 1986(昭和61)年12月5日 松戸電車区

207系
国鉄唯一のVVVF制御車

常磐線各駅停車と営団地下鉄千代田線との相互直通運転用に、1986(昭和61)年に1編成試作された車両。国鉄では最初で最後のVVVFインバータ制御電車で、2010(平成22)年まで活躍した。

クハ207形900番台

　営団千代田線乗り入れ用として、クハ205・204形の前面に貫通路を取り付けた——。207系の制御車、クハ207・206形900番台の特徴だ。被(きせ)と呼ばれるFRP製の飾り縁は205系譲り。床下に搭載したATC車上装置も同じで、運転室の奥行は1,500㎜と、203系よりも270㎜短くなり客室空間が増え、仕切壁には窓も付いた。ジャンパ連結栓の取り付け位置で制御車の形式は分けられ、クハ207形はクハ203形同様、取手方に連結される。

モハ207-903　1986(昭和61)年12月5日　松戸電車区

モハ206-901　1986(昭和61)年12月5日　松戸電車区

モハ207形 900番台

　モハ206形とユニットを組む、VVVFインバータ制御の207系の電動車。HS58形主制御装置やSC20形VVVFインバータ装置はモハ206形にも設けられており、それぞれ自車が装着するMT63形誘導主電動機4基を制御する。その意味では101系以来のMM'の2両単位でユニットを組む意味は薄れてしまった。

　パンタグラフはモハ207形だけにPS21形が1基載せられている。パンタグラフの搭載に伴い、断路器を搭載してモハ206形の分も含めた主回路の開放を行う。また、モハ206形の分も合わせて2基のフィルターリアクトルを搭載し、誘導主電動機から架線へ漏れ出そうとする高調波を抑制して誘導障害を防いでいる。

モハ206形 900番台

　パンタグラフを搭載しない中間電動車。搭載しているMT63形誘導主電動機は高速回転が得意だ。このため、歯数比を7.07と203系の6.07より大きくして加速性能を高めても、100km/hでの引張力は電動車2両1組で約500kgtと203系の約400kgtを上回り、高い高速性能を発揮した。また、VVVFインバータ制御は粘着性能が高いので、定員乗車時に電動車1両が必要とするブレーキ力6tに対し、100km/hで走行したときに生じる電力回生ブレーキのブレーキ力は約4tと良好。75km/h以下では6tを上回り、制御車、付随車のブレーキ力まで負担できた。分割民営化を目前に控え、国鉄はついに理想の性能を備えた電車を手に入れたのだ。

207系

クモハ211-2 1986(昭和61)年12月17日 名古屋駅

211系
JR化後も生産された近郊形電車

1985(昭和60)年12月に登場した近郊形直流電車で、205系をベースに、111・113系、115系の置き換えを目的に開発された。国鉄時代はセミクロスシート車が中心だったが、JR化後はロングシート車のみ生産された。

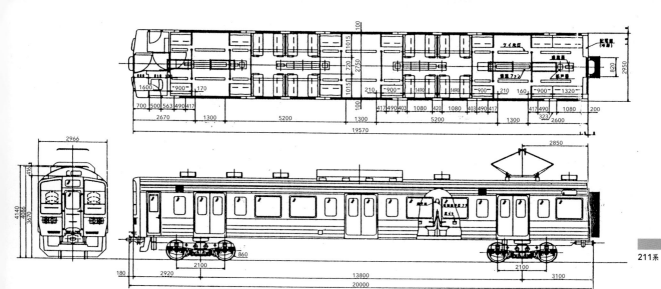

クモハ211形0番台

　211系の制御電動車(Mc車)で、CS57A形主制御器やMR161A形主抵抗器、PS21形パンタグラフなどを搭載する。設計は205系に準じ、添加励磁制御による電力回生ブレーキ、軽量ステンレス製の車体やボルスタレス台車、電気指令式空気ブレーキ装置などに加え、下り勾配での速度超過を防ぐ抑速ブレーキが追加された。これは、40km/h以上でブレーキ制御器ハンドルを「抑速」位置に合わせると、電力回生ブレーキが作動してブレーキ指令時の速度を維持する仕組み。

　MT61形主電動機は、加速力と高速走行性能とを兼ね備える万能型である。軽量化も相まって、勾配が25‰以内であれば2M3Tでも従来と同じ時間で運転可能だ。

　211系はクロスシート車が0・1000番台、ロングシート車が2000・3000番台、東海道線などの暖地向けが0・2000番台、東北、高崎線などの寒地向けが1000・3000番台となった。クモハ211形は寒地向けの1000・3000番台がほとんどだが、1986(昭和61)年10月に0番台が2両製造されて名古屋地区の東海道線に投入され、現在もJR東海神領車両区に配置されている。クハ211形とは異なり、トイレは設置されていない。

クハ211-3 1986(昭和61)年6月3日 国府津電車区

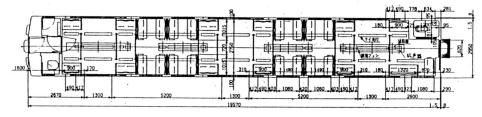

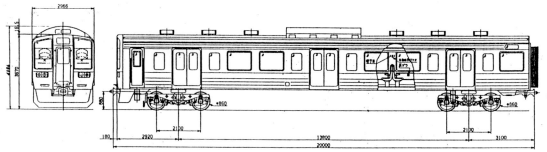

211系

クハ211形0番台

　211系では0・2000番台にしか存在しない奇数向きの制御車である。車体は裾の部分が絞られており、車体幅は居住性の改善のため2,950mmと、113・115系よりも50mm広げられた。前面窓は、上下を黒色のアルミ板、窓回りや腰板には白3号のFRPを用いて仕上げられている。窓は平面ガラスとなり、近郊形電車ではクハ401・421形以来採用されて来た、側面まで広がったパノラミックウィンドウは姿を消した。

　当時の東海道・東北・高崎線は混雑が激しかったため、これら各線に投入された211系には客室を広げる工夫が施されている。シートピッチ拡大車であるクハ111形2000番台と比較すると、車体長は1,9570mmと70mm延び、運転室の奥行は340mm短い1,600mmとなった。後位の妻面の外板が5mm厚くなった分を差し引くと客室の長さは405mm延ばされている。

　0番台特有のクロスシートは座面、背ずりともバケットタイプとなって体を保持しやすくなった。腰掛下の電気暖房装置は113・115系の床置式から腰掛につり下げる方式に変わり、足元を広くするとともに、熱の対流効果による暖房効率の向上も図られている。

モハ211-10 1986(昭和61)年3月17日 田町電車区

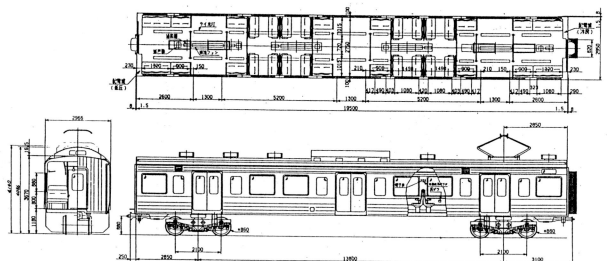

211系

モハ211形0番台

セミクロスシート仕様の電動車（M車）。モハ211形は、0番台のほかはロングシート仕様の2000番台しかない。211系は基本性能が優れているため、5両編成を単位として運用される1000・3000番台は、電動車が2両で済んだ。このためクモハ211形とモハ210形しか製造されなかったのである。

床下の主要機器の配置はクモハ211形と同じ。電動車と制御電動車の機器配置を揃えるという手法は201系から受け継いだ。床下搭載の機器のうち、バッテリーは直流100Vを出力する容量40Ahのものに加え、電動式窓拭き器や半自動扉開閉用押しスイッチの電源として直流24Vを出力する容量4Ahのものも追加されている。

モハ211形0番台は12両のみ製造され、東海道線用の基本編成（10両編成）に組み込まれた。この路線の1985（昭和60）年度の混雑率はピーク時1時間で249%、終日でも149%と激しく、立席客を多く乗せることができない0番台クロスシート車の製造は国鉄時代で打ち切られる。JR東日本は2000番台ロングシート車を集中投入して混雑の緩和を図り、2000（平成12）年の混雑率はピーク時が1時間あたり208%、終日が103%と改善された。

モハ211-2004　1986(昭和61)年3月17日　田町電車区

モハ211形 2000番台

　暖地向けにしかつくられなかったモハ211形のうち、当初東海道線の付属編成（5両編成）に組み込まれる車両として製造されたロングシートの電動車（M車）が2000番台である。国鉄の分割民営化の時点では、モハ211-2001〜2005の5両しか存在しなかったが、JR発足後は1989（平成元）年からJR東日本で211系の増備が再開され、10両編成の基本編成にも組み込まれた。最終的には30両が製造され、近郊形電車もロングシート主体となる転機となっている。

　クロスシート車とロングシート車の違いは腰掛だけにとどまらない。窓枠の幅も、クロスシート車は小物類を置くよう90㎜確保されているが、ロングシート車である2000番台では狭くなっている。また、照明装置の蛍光灯はつり革の配置の都合上、クロスシート車は20Wと40Wの2種類あるが、ロングシート車には20Wしか設置されていない。

モハ210-10 1986(昭和61)年3月17日 田町電車区

モハ210-1005 1986(昭和61)年6月11日 新前橋電車区

モハ210形0番台

　補機類の電動発電装置や電動空気圧縮機を搭載した電動車(M'車)で、クロスシートで暖地向けの電動車がモハ210形の0番台である。201系900番台以来の設計方針に基づき、M'車ではあるものの、パンタグラフは搭載されていない。

　モハ210形0番台は14両製造され、すべて国鉄時代に登場した。これらのうち、モハ210-1〜12はモハ211形と、同13・14はクモハ211形0番台とユニットを組む。写真のモハ210-10は当初、当時存在した田町電車区に配置され東海道線で使用された。2017年現在もJR東日本長野総合車両センターにて健在で、寒地向けの改造が施された後、6両編成に組み込まれ、篠ノ井線や中央線で活躍を続けている。

モハ210形1000番台

　クロスシートで寒地向けの電動車(M'車)。モハ211・210形0番台と同じく、国鉄時代にのみ製造された。その数はモハ211形0番台よりもさらに少なく、わずか11両。東北線や高崎線に投入された1000・3000番台は、5両編成を1〜3編成組み合わせて最長15両編成を組んでいた。ロングシート車である3000番台は国鉄時代に22両製造されており、クロスシート車とロングシート車との比率は1対2。国鉄は、15両編成中、5両が1000番台、残る10両が3000番台と発表していたが、運用の都合でその通りにはいかなかったらしく、15両編成すべてが3000番台というケースも見られた。1000番台の比率が高い列車もあったはずで、パズルのようだ。

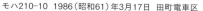

211系

モハ210-2004　1986(昭和61)年3月17日　田町電車区

モハ210-3009　1986(昭和61)年6月11日　新前橋電車区

モハ210形 2000番台

　ロングシートで暖地向けの電動車(M'車)。モハ211形2000番台とユニットを組んだので、国鉄時代に5両、JR化後に25両の合計30両という製造数も全く同じだ。
　211系の特徴の一つは抑速ブレーキで、RLS70形継電器が電力回生ブレーキを制御して一定の速度に保つ。もしも抑速ブレーキを作動させている間にブレーキ力が不足して指令速度よりも高くなった場合は、空気ブレーキが追加される。抑速ブレーキは勾配区間で使われるため、寒地向けの方が使われることが多かったと思われる。だが、どれくらい使われたかは別として、暖地向けでも使用することが可能だ。

モハ210形 3000番台

　ロングシートで寒地向けである3000番台の電動車(M'車)。寒地向けの車両は、車内の暖房を保つために半自動ドアを装備しているほか、耐雪ブレーキ、レールヒーターなどを装備している。0・2000番台との外観上の相違点は、運転台のある制御車であれば、先頭下部のスノープラウ(排雪器)の有無が挙げられる。しかし、中間車であるモハ210形では、両引き戸の右に取り付けられた半自動扉を開けるための押しスイッチくらいしか違いがない。クロスシート車の1000番台とは、車内をのぞかない限りほとんど判別不能である。
　なお、いずれの番台もクモハ211・モハ211形とモハ210形との間は、205系と同じく半永久連結器で結ばれている。

サハ211-12 1986(昭和61)年6月3日 国府津電車区

サハ211形0番台

　211系の付随車。0番台ということで、暖地向けのクロスシート車だ。付随車とは文字どおり、他のものに付き従う車両で、電車なのに主電動機(モーター)を持たないため他の系列では影が薄い。しかし、211系では性能向上によって電動車の比率が下げられた結果、付随車が多数製造された。サハ211形は国鉄時代に85両登場し、形式別では次点のモハ210形の52両を大きく上回る。また、国鉄時代に製造された258両中に占める比率は33％と高い。

　5両編成を組んでいた当時は、サハ211形2両にクハ211形と、電動車でない車両が3両連続した。このようなケースはほかに「あさま」「あずさ」用の181系、「白鳥」用の485系といった特急形電車がいずれもクハ、サロ、サロと連ねていたケースが見られただけである。

サロ211-5 1986(昭和61)年3月17日 田町電車区

サロ211形0番台

　211系0番台によって構成される10両編成の基本編成で、5号車用に製造されたグリーン車だ。サロ211形は前後に出入台を持つ。客室は、通路をはさんで両側に2人掛けの回転リクライニング腰掛が970mmのシートピッチで16列並ぶ。後位の出入台のさらに後方にはトイレと洗面所が設けられている。側面に幅834mm、高さ860mmの小窓がずらりと16枚続く様は壮観だ。これらの窓のうち、最前位の1枚は戸袋窓。残る15枚は両端と中央の3枚が非常用に開閉式であるのを除き、はめ殺しである。

　サロ211形は国鉄時代に6両が製造されただけである。JR化後に増備されたグリーン車は二階建て車となっている。6両はすべて寒地向けに改造されて1000番台となったものの、2017年現在はすべて姿を消して見ることはできない。

サロ210-3 1986(昭和61)年6月3日 国府津電車区

クハ210-1005 1986(昭和61)年6月11日 新前橋電車区

サロ210形0番台

　2カ所の出入台を持つグリーン車という点でサロ211形と同じだが、こちらは前位の出入台の直後に車掌室と業務用室が設けられ、トイレや洗面所はない。211系0番台によって構成される10両編成の基本編成で、4号車に連結される付随車だ。

　211系の運転室、車掌室には、「多重制御/表示装置」と称されるモニタ装置が在来線の電車として初めて搭載された。サロ210形の車掌用に設けられたのはIES1B形表示装置。パネルに1〜16号車までのボタンがあり、個別に押すことで号車に応じた案内放送が行える。また、冷房、暖房、扇風機、室内灯のオン・オフもパネル上で操作可能だ。今の視点で見ると驚くほど機能が少ないものの、当時としては画期的であった。

クハ210形1000番台

　制御車でサハ211形とともにすべての番台に存在する。偶数向きの車両で後位にトイレが設けられた。写真の1000番台は寒冷地向けのセミクロスシート車だ。

　211系の先頭車の前面には分割併合運転を円滑に行えるよう、奈良・和歌山線用の105系に続いて自動解結装置を搭載。この装置は密着連結器の下に設置のKE105形電気連結器が中心となっていて、寒地向け車のKE105形はヒーター付きだ。

　運転室には多重制御/表示装置が搭載されている。表示装置は運転士用のIES1D形と車掌用のEIS1A形との2種類。運転士用は1〜16号車の表示と各車両の状態を示すパネルがある。車掌用はサロ210形と同じパネルで、行先表示の設定も可能だ。

211系

クモハ213-5 1987(昭和62)年3月18日 東急車輛

213系
国鉄最後の新型電車として登場

国鉄が終焉に近づいた1987(昭和62)年3月に、国鉄形電車として登場した最後の新系列。211系を基本としつつ、3両程度の短編成での運用に適した1M方式を採用、宇野線をはじめとする岡山地区に投入された。

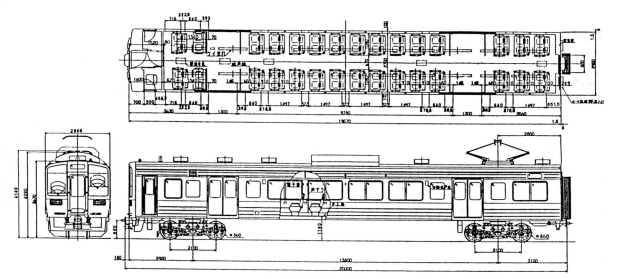

213系

クモハ213形0番台

　1両に必要な機器をすべて搭載する1M方式を採用した制御電動車。財政が逼迫した国鉄最末期の車両であるため、機器類や車体設計は多くの部分で211系と共通である。

　主電動機(モーター)は、1時間定格出力120kWのMT64形を4基搭載している。速度制御方式には添加励磁制御を採用。4基を直列につなぐ直列制御のみを行う105系・119系とは異なり、高速域で効率よく電気を使える直並列組合せ制御を行える点が特徴だ。MT64形は端子電圧750Vで、同375Vである211系のMT61形主電動機と比べて、整流性能上、高速性能を上げるのが難しい。だが、外形を直径860mmの車輪径に収まる範囲で拡大し、界磁コイルの熱量の余裕を切り詰めて整流特性を改善した。この結果、1M2Tでも最高速度110km/hを確保し、211系との併結も可能となっている。

　クモハ213形は主制御器、励磁装置、パンタグラフを搭載したほか、補助電源装置、電動空気圧縮機も搭載しており、片運転台仕様ながら入換時には単独での走行も可能だ。補助電源装置は、国鉄の電車としては初めて静止形インバータを採用した。容量は110kVAだ。

クハ212-5 1987(昭和62)年3月18日 東急車輛

クハ212形0番台

　213系の制御車（T車）で偶数向きに使用された、前面は211系のデザインが踏襲されている。登場翌年に開業を控えた本四備讃線（瀬戸大橋線）での運用を考慮し、瀬戸大橋からの眺望を客室から眺めやすいよう、助士側や貫通扉の窓が、運転室と客室との仕切壁の窓ともども下方に拡大されている。眺望重視の姿勢は徹底しており、運転室内にある貫通路仕切も助士側はガラス製だ。

　作業員が線路上に降りずに連結・解放ができる自動解結装置は211系に引き続いて取り付けられた。車体側面にはスピーカーが装着されており、車掌スイッチ下のスイッチを操作すると車掌が車内放送装置で案内した放送がホームでも聞けるようになる。

　クハ212形0番台は国鉄時代に8両製造された。写真のクハ212-5は、2017年現在も登場時と同じ岡山電車区に所属し、山陽線で活躍中だ。

サハ213-5 1987（昭和62）年3月17日 東急車輛

213系

サハ213形 0番台

　213系の付随車。側面に2カ所の両引戸を持ち、客室には2人掛けの転換シートが910mmのシートピッチで並ぶ。クモハ213形とクハ212形の間に挟まれて、岡山方からクモハ213形＋サハ213形＋クハ212形の3両編成で登場し、JR発足を4日後に控えた1987（昭和62）年3月28日から宇野線の快速列車として活躍を開始した。

　JR西日本に承継された後、瀬戸大橋が開業した1988（昭和63）年4月10日からは岡山～高松間の快速「マリンライナー」として忙しく往復したが、2003（平成15）年10月1日のダイヤ改正でJR西日本の223系5000番台、JR四国の5000系に置き換えられた。同時に編成の組み替えが実施され、国鉄時代に製造されたサハ213-1～8のうち、7・8はクハ212形100番台に改造、2・3は廃車となった。写真のサハ213-5は、2017年現在も健在である。

クモハ300-6 1986(昭和61)年4月23日 三鷹電車区

301系
営団東西線への相互直通運転用車両

中央線と帝都高速度交通営団(現・東京地下鉄)東西線の相互直通運転開始と同時に登場した。103系を基本に、アルミ合金製車体、空気ばね台車、地上信号式のATC車上装置、誘導無線装置など東西線に対応した機器を搭載した。

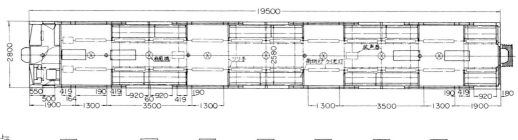

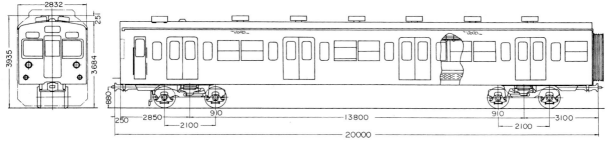

301系

クモハ300形

　帝都高速度交通営団5号線東西線の竹橋～大手町間が1966（昭和41）10月1日に開業し、同日から東西線中野～大手町間と中央本線中野～荻窪間で相互直通運転が開始された。その際に国鉄が用意した東西線への乗り入れ用車両が301系だ。

　クモハ300形は、電動発電装置や電動空気圧縮機といった補機類を搭載する制御電動車（M'c車）で、自重は31.6tである。当時の営団は東西線にセミステンレス車の5000系を用いており、クモハ300形に相当する形式は5000形であった。こちらの自重は36.0tだから、クモハ300形の軽量ぶりは際立つ。

　写真のクモハ300-6を含むクモハ300-1～8の8両は、国鉄の分割民営化時も東西線と中央線各駅停車で活躍しており、JR東日本に承継されて引き続き東西線への乗り入れに用いられた。1996（平成8）年4月27日に東西線が東葉高速鉄道東陽高速線と相互直通運転を開始すると、JR車両の運用が大幅に減って、すでに老朽化が進んでいた301系に余剰が発生した。クモハ300-6は1997（平成9）年7月2日に姿を消し、301系自体も2003（平成15）年に引退した。

モハ301-16 1986（昭和61）年4月21日 三鷹電車区

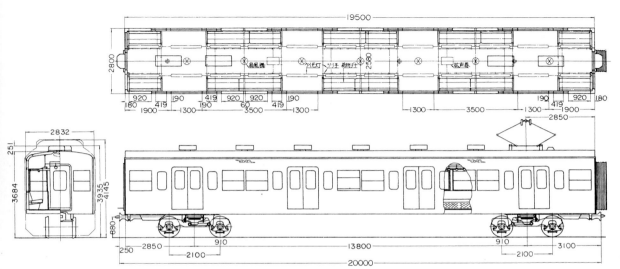

301系

モハ301形

　中間電動車で、主制御装置や主抵抗器、パンタグラフを搭載するM車。モハ103形0番台を基本としており、クモハ300形またはモハ300形とユニットを組む。

　制御装置は、103系のCS20形をベースに、301系用に仕様を変えたCS20B形を搭載。東西線区間に多い急勾配区間での運転に備え、空転が発生した際には空転リレーによって力行回路が遮断される。103系と大きく異なるのは主抵抗器で、地下トンネル内での騒音を抑える目的で強制通風形から自然通風形となり、冷却効果を高めるために機器の寸法は大きくなった。さらには運転台への電流計の新設に伴って電流を下げる直流変流器を追加。発電ブレーキを作動させる際に電流が早く立ち上がるよう、界磁を別電源から励磁する予備励磁装置を設けてブレーキ開始時の衝撃を和らげた。地下鉄車両の防火基準により、ヒューズを集電装置の近くに設置する必要があったため、主回路保護用の主ヒューズ、母線ヒューズは屋根上に搭載された。

　モハ301形は24両があり、301系で最も多い。写真のモハ301-16は東葉高速鉄道の開業で余剰となり、1998（平成10）年に廃車となった。

クハ301-6 1986(昭和61)年4月23日 三鷹電車区　　モハ300-11 1986(昭和61)年4月21日 三鷹電車区

クハ301形

　奇数向きの制御車で、当初製造された301系中、電動車でない唯一の形式だ。前面は103系を基本としつつ、地下鉄線内での非常口を設ける必要上、貫通路が設けられた。ただし、貫通路を頻繁にセットするのは難しいので、貫通ほろや渡り板はない。営団の5000系並みに照度を高める目的で、前照灯は当時の103系が備えていた250Wの白熱灯1灯から150Wのシールドビーム2灯となった。
　運転士が万一意識を失った時などに備えた安全機構であるデッドマン装置は、2方式を使い分ける。国鉄線内はペダルから足がはずれると非常ブレーキがかかる足掛式、営団線内は、主幹制御器ハンドルを握っていないと動かない跳ね上げ式だ。

モハ300形

　電動車(M'車)で、モハ301形とユニットを組む。写真のモハ300-11の相手はモハ301-16で、廃車も同じく1998(平成10)年1月。301系自体は2003(平成15)年8月まで活躍を続けた。
　301系自慢の空気ばね台車は、枕ばり両端上の空気ばねが直接車体を支え、枕ばりと台車の側ばりとの間は側受によって支える構造を持つ。前後方向の力は台車側面に見えるボルスタアンカが伝達する。現代の車両に使用されるヨーダンパ(揺れを減衰させるダンパ)のような形状をしているが、もちろん301系の台車にはヨーダンパはない。軸箱支持方式は軸箱守式と103系と同じ。しゅう動部分のない軸箱支持装置は1979(昭和54)年登場の201系まで待たなければならない。

サハ301-102 1986(昭和61)年4月21日 三鷹電車区

サハ301形100番台

　7両編成8本で登場した301系を1982(昭和57)年に10両編成4本と7両編成2本とに組み替えることになり、電動車のモハ301-4とモハ300-3を改造した付随車だ。0番台を飛ばしたのは、サハ301形の新製に備えたものと思われる。だが、当時すでに301系が新製される可能性はほぼなかったので、あまり意味のある配慮とは言えない点が残念だ。

　写真のサハ301-102は、モハ300-3から改造された車両。パンタグラフを装着していたモハ301-4から改造されたサハ301-101は、改造後も取付台が残され、元の形式がわかりやすかった。JR東日本に承継された後の1991(平成3)年には、残る7両編成2本も10両編成に組み替えられ、モハ300-9から改造されたサハ301-103が加わった。

　2003(平成15)年にE231系800番台が登場し、301系は同年8月3日に「さよなら」運転を実施。形式消滅した。

クハ381-12 1985(昭和60)年12月3日 神領電車区

381系
初の振子式特急形電車として実用化

カーブで車体を傾け、速度を落とすことなく高速に走行できる世界初のコロ式自然振子電車としてデビューした特急形電車。乗りもの酔いしやすいと言われながらも、名古屋〜長野間を35分短縮するなど、高性能を発揮した。

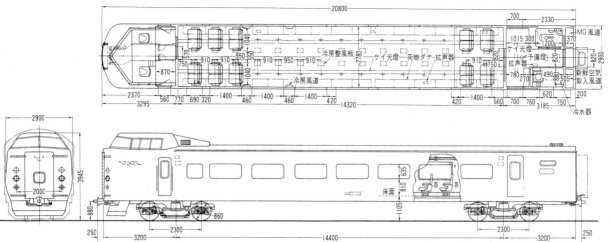

クハ381形0番台

　木曽川に沿って曲線が続く中央西線の特急「しなの」に投入された、世界初の振子式特急形電車の制御車（Tc車）だ。動く物体は直進し続けようとする法則によって、曲線では外側に向かって遠心力が発生する。これを打ち消すには、車体を内側に傾け、内側に倒れようとする重力と遠心力を釣り合わせればよい。しかし、速度が上がると遠心力も強くなる。そこで、車体と台車の間に設けられたコロ軸が遠心力を伝達し、車体をより内側に傾けることで遠心力を打ち消し、高速に曲線を通過する、というのがコロ式自然振子電車の仕組みだ。車体にはアルミ合金を使用し、同じアルミ製の301系から続く形で381系となった。

　クハ381形0番台は1973（昭和48）年5月から1975（昭和50）年1月にかけて18両が製造され、先頭部には両開き式の貫通扉が設けられた。車両間の電線をつなぐ引き渡し線が左右両側に装備されており（両渡り）、奇数向き、偶数向きどちらにも使える構造だ。

　写真のクハ381-12は、1973年6月に日立製作所で製造され、終始「しなの」用先頭車として活躍、2001（平成13）年11月に廃車された。オリジナルの貫通扉を持つ先頭車としては、最後の1両だった。

モハ381-12 1985(昭和60)年12月3日 神領電車区

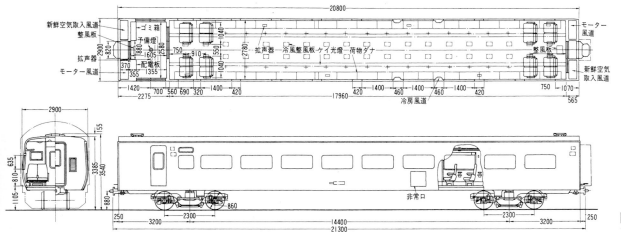

381系

モハ381形0番台

　381系の電動車（M車）で、主制御機器を搭載する。トイレや洗面所を持たないため、座席定員は76名と、在来線の特急形車両としては最多となっている。

　主電動機は、出力120kWのMT58A形を採用。出力は、183系など当時の直流形電車と同じだが、小型軽量化を図るため回転数を高くとり、そのぶん失われるトルクを補うため歯車比4.21と、3.50の183系などよりも大きい。このため、加減速性能に優れ、振子装置とともに曲線区間の多い山岳路線に適した特性を持っている。

　パンタグラフを装備しないため、381系の特徴であるフラットな屋根が一層目立つ。屋根高は3,385mmで、モハ183形などの3,475mmよりも90mm低い。

　客席には簡易リクライニングシートを採用。デッキから客室への扉には、マットスイッチ式の自動ドアが採用されている。客室の床面も183系より95mm低く、デッキから車内を見ると見下ろすような視点になる。

　写真のモハ381-12は1973（昭和48）年6月に日立製作所で製造され、1998（平成10）年11月に廃車されるまで、「しなの」として走り続けた1両だ。

191

モハ380-12 1985（昭和60）年12月3日 神領電車区

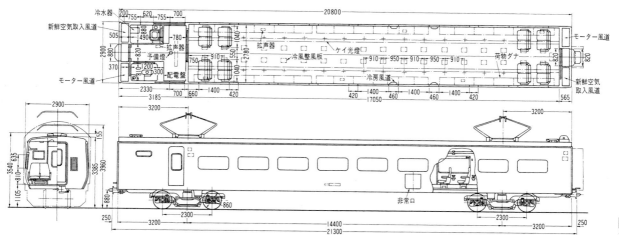

381系

モハ380形0番台

　PS16I形パンタグラフを2基搭載した電動車で、電動空気圧縮機などを搭載している。トイレと洗面台を備え、座席定員は72人。モハ381形、あるいはクモハ381形とユニットを組んだ。写真のモハ380-12はP190のモハ381-12と同じユニットで、製造から廃車まで生涯コンビを組んでいる。

　モハ380形をはじめ、381系電車の台車にはコロ式自然振子装置が装備されている。レール面上2,300mmの位置を中心として車体を最大5度傾け、遠心力を内側に倒れようとする重力で打ち消す。これにより、通常の電車よりも20km/h高速に曲線を通過できる。振動も少なく、乗り心地も従来の車両より良くなるはずだった。しかし国鉄には運行開始直後から「乗りもの酔いしやすい」という苦情が寄せられた。これは、遠心力が加わってからコロが回転して車体が傾き始めるまでに生じるわずかな時間差が、不快なローリングと感じられたためとされている。381系の振子装置は100%遠心力によって作用する原始的な仕組みだったため、この問題を根本的に解決することはできなかった。国鉄は、個々の曲線データを蓄積して振子装置を制御する制御付振子装置の開発を急ぐことになる。

クハ381-129 1986(昭和61)年10月21日 米子駅

クハ381形 100番台

　0番台の貫通扉はほとんど使用されなかったことから、1976(昭和51)年の増備車から非貫通の制御車が登場、100番台を名乗った。主として紀勢本線の「くろしお」、伯備線の「やくも」に使用されている。また、0番台では手動式だった列車愛称名表示装置が電動化された。

　381系の大きな特徴が、そのフラットな屋根だ。車体を大きく傾ける振子式電車では重心を低く保つ必要があり、従来は屋根上に設置されていた通風器や冷房装置などは、すべて床下に設置されている。

　写真のクハ381-129は、1982(昭和57)年1月に日本車輌で製造された車両で、出雲電車区に配置。「やくも」用として陰陽連絡の役割を果たすなか、国鉄分割民営化を迎えた。JR西日本に承継後の2007(平成19)年3月にグリーン化改造を受け、2017年現在もクロ381-129として活躍している。

クモハ381-1 1986（昭和61）年10月20日 出雲運転区

クモハ381形

　381系唯一の制御電動車。381系は、2M1T（電動車2両＋付随車1両）の3両1ユニットで運用され、9両編成を基本としていた。しかし、国鉄末期、伯備線の「やくも」は利用客が伸び悩み、9両編成をもてあましたため、基本6両編成に短縮。6ユニット18両を捻出して、比較的好調な「くろしお」に充当された。この時、制御車が不足したためモハ381形から9両改造されたのが、クモハ381形である。多客時に増結するため貫通扉が設けられたが、作業を簡素化するため、やや無骨な1枚開き戸が採用された。国鉄末期、なるべくお金をかけずに利便性を向上させようとした跡を見ることができた。

　写真のクモハ381-1は、1986（昭和61）年8月にモハ381-78から改造された車両で、2017年現在は電気連結器を取り付けて、クモハ381-501となって「やくも」用として活躍を続けている。

サロ381-13 1986（昭和61）年2月28日 日根野電車区

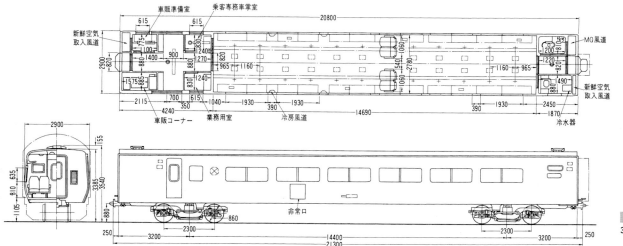

サロ381形0番台

　国鉄時代は381系で唯一の付随車だったグリーン車で、座席定員は48名だ。1971(昭和46)年6月から1982(昭和57)年6月まで、31両が製造された。

　客室の窓は、普通車の窓と同じ2列ごとの大型窓のように見えるが、これはデザイン上の統一性を重視したもの。実際には中央に支柱が入っており、1列ごとに独立した窓となっている。

　サロ381形は、国鉄末期からJR初期にかけての編成見直しによって、製造された31両すべてが後年改造を受け、2011(平成23)年に形式消滅している。写真のサロ381-13は1978(昭和53)年に川崎重工にて製造され、当初は鳳電車区に配属。「くろしお」運転開始と共に誕生した日根野電車区に移って、「くろしお」として活躍した。

　JR西日本に承継後の1999(平成11)年1月、「くろしお」のリニューアルに合わせてサハ381-13に改造された。運転台を取り付けてクロ381形、クロ380形となった車両もある。なかでもサロ381-10・14は、国鉄最後の日となった1987(昭和62)年3月31日にクロ381-1～2に改造されており、国鉄最後の「新形式車両」となった。

クハ401-47 1986(昭和61)年6月9日 勝田電車区

401・403系
国鉄初の交直両用近郊形電車

常磐線取手〜勝田間を交流2万V・50Hzで電化した国鉄が、電気の種類が異なる区間を旅客列車が直通できるよう投入した交直両用電車の第1号。近郊形電車の標準仕様となる片側3扉・セミクロスシートを初めて採用した。403系はその出力向上版。

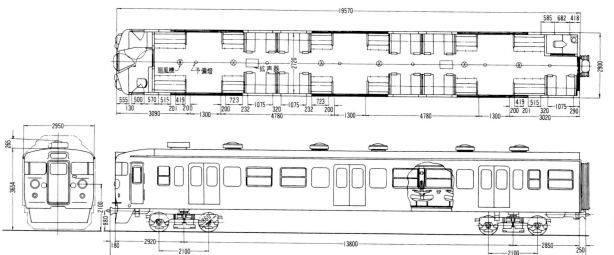

クハ401形 0番台

 1961（昭和36）年6月、常磐線取手〜勝田間の交流電化が完成し、常磐線は取手を境に直流電化と交流電化に分かれることになった。そこで、1960（昭和35）年8月に登場したのが401系近郊形交直流電車だ。

 401系は直流電化区間では直流電車として、交流電化区間では交流電力を直流に変換して、やはり直流電車として走る。国鉄の新性能電車の特徴であるMM'ユニット方式が採用されており、2両の電動車の両端に制御車を連結した4両編成を組む。車内は比較的長距離の通勤輸送に対応して、3扉・セミクロスシートの構造が初めて採用となった。

 クハ401形は奇数・偶数双方の向きで使用可能な制御車。モハ400形の床下に搭載できなかった電動空気圧縮機を搭載している。クハ401-1〜4は量産先行車、同23までは前面の窓の位置が低い低運転台車だ。24以降は前面の窓の位置が高い高運転台車で、50まではモハ401・400形と、51〜90はモハ403・402形と連結された。写真のクハ401-47は、1966（昭和41）年2月に新製され、1991（平成3）年6月5日に廃車となるまで勝田電車区（現・JR東日本勝田車両センター）を離れることはなかった。

モハ401-24 1986(昭和61)年6月9日 勝田電車区

モハ401形 0番台

　401系の電動車で、主制御装置や主抵抗器を搭載するM車。直流主電動機は101系などと同じ1時間定格出力100kWのMT46形だが、交流電化区間では直流電流に交流電流が重なった脈流となるため、これに対応した MT46B形が搭載された。モハ400形に搭載できなかった容量20kVAの電動発電装置を載せている点も特徴だ。なお、交流と直流との境界にあるデッドセクションでは電動発電装置は作動せず、バックアップ電源もないため照明装置は消えてしまう。今も車内の電気が消える電車として人々の記憶に残っている。

　モハ401形は25両が製造された。写真のモハ401-24は1966(昭和41)年2月12日に製造された車両で、国鉄の分割民営化を乗り越えたモハ401形としては最も古い。JR東日本に承継後、1991(平成3)年6月5日に廃車となっている。

モハ400-24 1986(昭和61)年6月9日 勝田電車区

モハ400形 0番台

　交流を直流に変換する機能を持つ電動車(M'車)である。屋根上にはパンタグラフのほか、保護設置スイッチ、交流避雷器、空気遮断器、交直切換器、主ヒューズが載せられ、ものものしい。しかもこれらの機器は高圧部分と無加圧部分とで250㎜以上の空気間隙を取るため、パンタグラフ周囲の屋根の高さは3,516㎜と、他の部分の3,654㎜よりも138㎜低くなった。

　床下に搭載された主変圧器で交流1820Vに降圧し、主整流器で直流、正確には脈流の1500Vへと変換、主平滑リアクトルで交流の成分を低減させる。この直流電気をモハ401形に供給するまでがモハ400形の役目だ。

　写真のモハ400-24は、モハ401-24と同じく1966(昭和41)年2月12日の製造。勝田電車区所属で国鉄分割民営化を迎え、1991(平成3)年まで活躍を続けた。

モハ403-5 1986(昭和61)年6月9日 勝田電車区

モハ403形 0番台

　モハ401形に搭載されている直流主電動機を出力100kWのMT46形から120kWのMT54形に替えて出力向上を図った電動車(M車)で、1966(昭和41)年7月に登場した。モハ403・402形のMM'ユニットで、403系として区分されている。制御車としてクハ401形が引き続き製造されたのは、111系と113系の関係と同じで、クハ401-51〜90が同グループの先頭車である。MT54形を搭載した113系は、1964(昭和39)年1月に登場した。一方、MT46形を搭載したモハ401・400形が1966年2月まで製造された理由は、151系特急形電車を181系に改造した際に余剰となったMT46形を転用したためだ。常磐線は平坦な路線なので401系でも出力不足に悩まされることはないと見なされたのである。

　モハ403形は20両が1968(昭和43)年12月まで製造された。通風器はモハ403-20が押込形となったほかはすべてグローブ形である。

モハ402-5　1986(昭和61)年6月9日　勝田電車区

モハ402形 0番台

　モハ400形のMT54形装着版。直流主電動機の出力の向上に伴い、主変圧器や主整流器、主平滑リアクトルといった機器はモハ400形に比べて容量が増え、配置も変わったが、モハ400形とはほとんど見分けがつかない。

　直流用モハ112形の親戚とも言うべき車両で、モハ402-1〜19の製造時期は、モハ112-114〜156と同じ。交直流電車である点を除き、車体のつくりもよく似ている。20両が製造されたモハ402形の中で、ただ1両、押込形の通風器を搭載して登場したモハ402-20は、モハ112-218〜232と同時期の1968(昭和43)年に新製された。

　写真のモハ402-3は1966(昭和41)年7月に製造され、1991(平成3)年7月に廃車となっている。なお、403系自体は2008(平成20)年3月まで在籍しており、一貫して常磐線、そして水戸線で活躍を続けた。

クモハ413-3 1986(昭和61)年12月17日 金沢駅

413系
民営化直前に登場した急行形からの改造車

471・473系急行形電車の機器を活用した片側2扉・セミクロスシートの近郊形車両。国鉄民営化直前の1986(昭和61)年3月に登場、北陸地区に投入された。

クモハ413形 0・100番台

　国鉄は1985(昭和60)年以降、急行形電車も用いて地方都市近郊に普通列車を増発した。だが、急行形のままでは通勤・通学輸送には使いづらいため、改造された形式のひとつ。シートも再利用されたが、直流主電動機だけは、1ユニットを除いてMT46形からMT54形へ交換された。
　クモハ413形は元クモハ471形が0番台、元クモハ473形が100番台。写真のクモハ413-3は元クモハ471-10で、今もあいの風とやま鉄道で使用されている。

モハ412-3 1986(昭和61)年10月23日 敦賀駅

クハ412-3 1986(昭和61)年10月23日 敦賀駅

モハ412形 0番台

　パンタグラフ、主変圧器、主整流器を搭載する電動車(M'車)。モハ472-1～10を種車とする0番台が10両、モハ472-1を種車とする100番台が1両の合計11両が改造された。国鉄時代に登場したのはモハ412-1～7と101で、同8～10はJR西日本が改造を行った。

　米原方の端部には、主電動機の冷却風から雪を取り除くため、外付け式の雪切室が設けられた。200系新幹線電車や417系近郊形交直流電車に設置されたものとは異なり、内部に送風機はなく、ダクト内で雪を落とす。

　クモハ413形・モハ412形の歯車比は4.21と、急行形電車時代のまま。実際に471系や475系と併結して運転されている。

クハ412形 0番台

　偶数向きの制御車で、クハ412-1～3・5～10の9両があり、国鉄時代には10以外の8両が登場した。同3・8が元サハ451形であるほかは、クハ451形から改造されている。

　413系はクモハ413形+モハ412形+クハ412形で3両編成を組むものの、クモハ413形とモハ412形が11組改造されたのに対し、9両改造のクハ412形は2両少ない。2編成には、サハ455形から改造されたクハ455形700番台が使用された。こちらが455系のままなのは車体を新製していないためだ。

　車体は新製されたが、クハ451・サハ451形から流用した汚物処理装置の関係で、トイレの取り付け位置は海側となり、山側に設置されている他の近郊形電車とは異なる。

413系

クハ411-109 1986(昭和61)年10月18日 南福岡電車区

415系
全国の電化方式に対応した近郊形電車

1960年代後半、電源周波数50Hzと60Hzの双方に対応した機器が開発され、両周波数に対応した近郊形交直流電車として1971(昭和46)年4月に登場した系列だ。車体、座席配置などは403・423系をほぼ踏襲している。

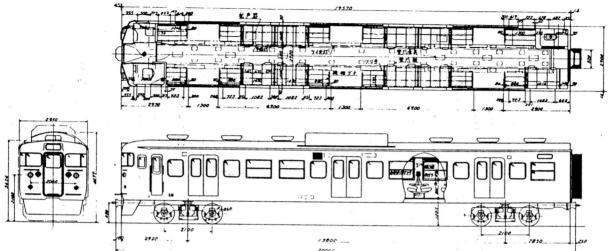

415系

クハ411形 100番台

　415系の制御車。100番台は1978（昭和53）年12月登場のシートピッチ拡大車で、クロスシートの感覚が1,420mmから1,490mmに拡大されている。奇数向きでトイレはなく、偶数車でトイレを装備する200番台と対をなす。クハ411-101〜126の26両が製造され、7両が常磐線に、19両が九州に投入された。JR九州に承継された19両は、2017年現在も健在だ。

　国鉄時代に製造された415系は6グループに大別される。0・300番台は最初に登場したグループで、交流機器以外は403・423系とほぼ同じ。途中から冷房装置を搭載した。100・200番台は前述の通りシートピッチ拡大車だ。500・600番台は常磐線の混雑対策でオールロングシート仕様となった。700番台は車端部がロングシート、その他がクロスシートという仕様を持つ。1500番台と1700番台は211系に準じたステンレス製車体を載せ、ボルスタレス台車を装着したグループ。腰掛の配置は1500番台は500番台に、1700番台は700番台に準じている。

　写真のクハ411-109は、1978年9月に製造された車両で、2017年現在も大分車両センターに所属して日豊線を走り続けている。

モハ414-7 1986(昭和61)年8月11日 勝田電車区

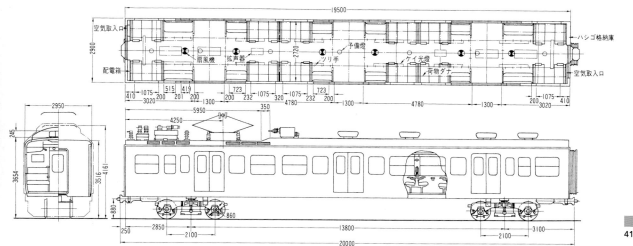

モハ414形0番台

　415系の電動車で、交流を直流に変換する役割を担うM'車。主変圧器は50Hz・60Hzの電源周波数に対応したTM14形を搭載し、主整流器はRS22A形と、特急形であるモハ484形やモハネ582形、急行形のモハ456形と共通の機器を搭載する。1974（昭和49）年9月に製造されたモハ414-4以降、主変圧器は絶縁油をPCBからシリコン油に変更したTM20形に改められ、一部の主整流器は風冷式からフロン沸騰冷却と風冷とを併用したRS45形が試験的に搭載された。同じくモハ414-4以降は冷房装置が搭載され、側窓はユニット構造になるなどの改良が施されている。

　モハ414形0番台は19両が製造され、後に新製された各番台と比べて最も少ない。同番台が投入された1971（昭和46）～75（昭和50）年は、常磐線日暮里～牛久間では輸送人員が年間約2億5000万人から約3億人へと増えたが、交流電化が行われた取手～牛久間では、それほど増えなかったのかもしれない。

　写真のモハ414-7は1974年10月に製造されて勝田電車区に配置。国鉄の分割民営化も何のその、JR東日本に承継された後も常磐線、水戸線一筋で活躍し、2007（平成19）年2月までその姿を見ることができた。

クハ411-314　1986（昭和61）年8月11日　勝田電車区

クハ411-1501　1986（昭和61）年2月20日　勝田電車区

クハ411形300番台

　415系の制御車（Tc車）。特急形である485系の制御車と付随車が481形を名乗った前例から、415系の制御車は411形が与えられた。415系が計画された当時、既存の401・403・421・423系を411系に改番する計画が存在したらしい。クハ401形をクハ411形0番台または100番台、クハ421形を同200番台に編入する予定だったため、新製車は300番台からスタートしたと言われる。この改番は費用対効果に乏しく、実現しなかった。

　クハ411形300番台は電動空気圧縮機を搭載し、偶数番号車は電動発電装置も積む。クハ411-301〜306には当初冷房装置はなく、同307〜339は335を除き冷房装置を搭載。前照灯がシールドビームに、側窓がユニットサッシとなった。

クハ411形1500番台

　国鉄末期、113・115系の製造が終了して211系へ移行するなか、415系もマイナーチェンジが行われた。211系に準じたステンレス車体を搭載して1986（昭和61）年2月に登場した1500番台だ。車体は一新したが従来の415系とも連結できる。

　この新クハ411形は、向きや搭載する機器の差異によって番台が分けられた。1500番台は奇数向きで電動空気圧縮機を、1600番台は偶数向きでトイレを設置し、電動発電装置や電動空気圧縮機をそれぞれ搭載した。写真のクハ411-1501は1986年2月に製造されて常磐線に投入。そこで国鉄分割民営化を迎えた。2009（平成21）年6月に、JR東日本からJR九州へと譲渡されて2017年現在も活躍中という異色の経歴を持つ。

モハ414-721 1986（昭和61）年6月9日 勝田電車区

モハ414-1501 1986（昭和61）年2月20日 勝田電車区

モハ414形700番台

　常磐線の輸送人員は1980年代に入ると急激に増え、401・403・415系を用いて最長12両編成で運転された中距離電車は、特にラッシュ時において激しく混雑した。国鉄は1982（昭和57）年1月から1984（昭和59）年12月にかけて、常磐線に全席ロングシートの500番台を投入。この700番台は、車端部のみロングシートとしたタイプだ。1984年12月から翌年2月にかけて集中的に投入され、1985（昭和60）年3月から7両＋4両＋4両の15両編成による運転を開始した。

　700番台の定員は座席68人、立席64人の132人。対する0番台は座席76人、立席52人の128人。数字上は4人増えただけだが、立席部分により多く詰め込むことができた。

モハ414形1500番台

415系

　ステンレス製の車体、ボルスタレス台車の波は近郊形交直流電車にも押し寄せ、1986（昭和61）年2月以降に登場した415系は1500番台または1700番台に改められた。当時は添加励磁制御が主流だったが、交流電化区間で電力回生ブレーキを使用するには、インバータを搭載して直流主電動機が発電した直流を交流に変える必要があったため見送られた。

　モハ414形1500番台はモハ414-1501～1521が国鉄時代に登場し、常磐線系統と九州系統とで活躍を始めた。JR化後もJR東日本は同1522～1535を製造して常磐線に投入した。なお、モハ414-1524以降の主変圧器は50Hz専用のTM24形で、厳密に言えば415系の仕様ではない。

モハ415-7 1986(昭和61)年8月11日 勝田電車区

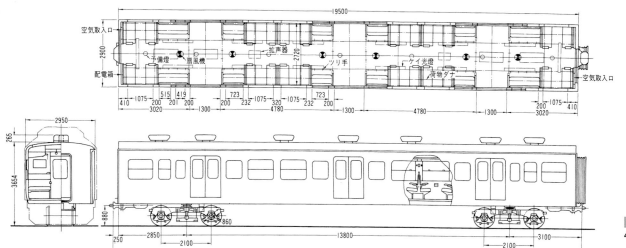

415系

モハ415形0番台

　415系の電動車で、主制御器や主抵抗器を搭載するM車である。交流を直流に変換する作業は隣に連結されるモハ414形が行うので、モハ415形はモハ403形やモハ423形と大きな違いはない。415系の中に突然403系があってもかえって混乱のもととなるので、モハ415形としたのであろう。

　モハ415形0番台は1971(昭和46)年製のモハ415-1〜3と1974(昭和49)年から1975(昭和50)年にかけて製造された同4〜19とでは多くの点で異なる。他の形式と同じく冷房装置が搭載され、側窓がユニット窓となったことはもちろん、モハ401・421形以来のならわしで、モハ415-1〜3にも搭載されていた容量20kVAの電動発電装置が姿を消した。モハ415-4以降の編成では電動発電装置は偶数向

きのクハ411形300番台に搭載されており、容量も160kVAに増やされている。

　写真のモハ415-7は1974年10月に製造されて勝田電車区に配置された。車体の塗色は登場時は赤13号で、常磐線系統向けは1983(昭和58)年以降、写真のとおりクリーム10号に青20号の帯に改められた。そのままJR発足を迎え、一度も転籍することなく、2007(平成19)年2月3日に廃車された。

213

モハ415-121　1986(昭和61)年6月9日　勝田電車区

モハ415形 100番台

　クロスシートのシートピッチを1,420mmから1,490mmへと広げたグループのM車で、113系や115系の2000番台に相当する。モハ415-101〜128の28両が製造されたうち、勝田電車区に配置となった常磐系統のものは9両、残り19両は南福岡または大分の各電車区に配属され、九州系統のほうが多い。単に車両の需給の関係と言ってしまえばそれまでであるが、首都圏の鉄道愛好家にとってはあまり身近には感じられない車種のひとつとなっている。

　写真のモハ415-121は1980(昭和55)年1月に製造され、勝田電車区に配置となった少数派の1両だ。常磐線に配置された415系の多くがそうであるように、国鉄の分割民営化という荒波にも関係なく勝田電車区から一度も転属せず、2001(平成13)年12月に役割を終えた。JR九州に承継された車両は座席をロングシートに替えた車両が多く、2017年現在もすべて大分車両センターに在籍している。

サハ411-1 1986(昭和61)年2月20日 勝田電車区

415系

サハ411形 0番台

 常磐系統の415系を4両編成から7両編成に増やすにあたり登場した付随車で、容量160kVAの電動発電装置と電動空気圧縮機などを床下に搭載している。

 サハ411形は0・700・1700の各番台が国鉄時代に製造され、JR東日本となってから全座席がロングシートの1600番台が登場した。各番台とも両数が少なく、1600・1700番台はともに1両だけ、0番台は4両で、最多の700番台でも16両である。

 0番台は1984(昭和59)年3月に製造された。0番台と言いながらも、クロスシートのシートピッチを広げた車両だ。クハ411形のように、0番台を飛ばさなかった理由はよくわからない。

 写真のサハ411-1は、JR発足時も常磐線の一線で働いていた車両で、2008(平成20)年3月10日に廃車された。

クモハ417-3　1986（昭和61）年8月27日　仙台運転所

417系
仙台地区の輸送近代化に貢献

通勤輸送の近代化が遅れていた仙台地区へ、1978（昭和53）年に投入された近郊形交直流電車。運行区間はすべて交流で電化されていたが、電気ブレーキの開発に手間取った結果、既存の技術を流用して交直流電車となった。

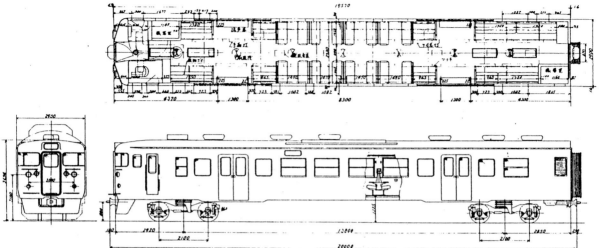

クモハ417形0番台

　青森方に連結される、417系の制御電動車だ。近郊形ながら、客用扉を片側2扉に減らし、車内の耐寒・耐雪構造を強化したほか、車掌が車内で集札業務を行うための設備を追加している。仙台地区には客車列車時代からの低いホームの駅が多く、乗降口を低くしてステップを設ける必要があったが、3扉車では中央の両引戸が床下機器と干渉してしまうため、2扉車になったという。

　主制御装置は381系特急形直流電車に搭載の耐寒・耐雪形のCS43形を改良したCS43A形で、勾配抑速ブレーキにも対応する。MR136形主抵抗器は雪の浸入を最小限に抑えるため、力行時と発電ブレーキ時にだけ冷却用の送風機を作動させる仕組みを持つ。

　客室は、4人掛けボックスシートとドア横のロングシートを組み合わせたセミクロスシート。特に目新しい点はなかったが、それまで旧型客車が残存していた仙台地区では待望の新性能電車だ。製造数は少ないながら、30年にわたり仙台地区で働くことになる。

　クモハ417形は1～5の5両が製造され、全車が仙台運転所に配置。写真のクモハ417-3は2008（平成20）年8月に廃車されるまで仙台から移動することはなかった。

モハ416-3　1986(昭和61)年8月27日　仙台運転所

モハ416形0番台

　主変圧器や主整流器を備えた電動車(M'車)で、417系唯一の中間車だ。徹底した耐寒・耐雪対策が施され、端部には1カ所ずつ雪切室が設けられた。直流主電動機や電動発電装置用の冷却風は雪切室部分のルーバーから取り込まれ、内部の電動送風機で雪を分離した後、機器を経て送られる。さらに、直流主電動機からの排風は再び雪切室に向かい、雪切室に取り込まれた外気と混じり、冷却されて再利用されるため、外気の取り込み量を減らせる効果も期待された。主整流器は、フロン沸騰によって走行風のみで冷却可能なRS45B形となっている。

　417系はクモハ417形+モハ416形+クハ416形という、2M1Tの3両編成を組む。1978(昭和53)年3月に5編成15両が、将来の冷房設置を見越した冷房装置取付準備車として登場。JR東日本に承継後の1991(平成3)年までに搭載を完了している。

クハ416-3　1986(昭和61)年8月27日　仙台運転所

417系

クハ416形0番台

　偶数向き、つまり上野方に連結される制御車で、トイレ付き。電動発電装置や電動空気圧縮機を搭載する。運転室は前面強化の目的で外板の厚みを増やし、運転台の骨組を車体とともに溶接構造で組み上げた。さらに、前面から運転台端までの奥行を500mmから600mmへと延ばしたほか、運転室自体の奥行も1,370mmから1,440mmへと延びている。

　車掌による車内での集札業務に対応して、運転室の助士席には業務用の机や貴重品納入箱を新設し、車掌スイッチや室内灯の点灯はどの運転室でも操作可能だ。ただし、こうした機能によって回路が複雑となり、急行形交直流電車と連結できなかった。5編成しかない少数派だったこととあいまって、あまり使い勝手のよい電車ではなかったかもしれない。2008(平成20)年度に引退し、1編成は阿武隈急行に譲渡されたが、それも2016(平成28)年度に廃車された。

クモハ419-11　1986（昭和61）年12月19日　金沢運転所

419系
寝台電車がまさかの近郊形電車に

1984（昭和59）年11月に登場した交直流近郊形電車で、余剰となった583系特急形寝台電車の車体と機器を再利用した車両。クモハ419形＋モハ418形＋クハ419・418形の3両編成を組む。15編成45両が登場した。

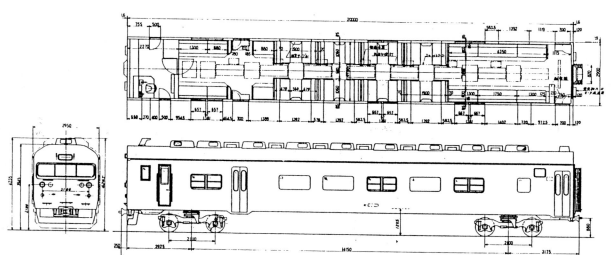

419系

クモハ419形 0番台

　国鉄末期には、それまでの常識では信じられないような出来事が頻発した。寝台・座席両用の583系特急形電車を近郊形電車に改造したことなどは、その代表的な事例だ。419系は、583系の機器類を流用して新しい車体を載せたのではない。車体を含めて、583系をまるごと通勤電車に転用したのである。

　583系のB寝台車は、昼間は通路をはさんでボックスシートが並び、その上に荷棚と収納された寝台が覆い被さっていた。近郊形への転用にあたっては、ボックスシートと荷棚とを流用し、中・上段寝台は撤去せずに収容されたままとした。ただし車端部は、ラッシュ時に備えてロングシートとしている。583系の乗降扉は幅700mmの折戸が1カ所で、通勤輸送にはとても足りない。しかし、財政難

の国鉄はそれもやむなしと、幅の広い引戸への改造は行わなかった。増設された扉も車体構造の都合で同一寸法の折戸だった。

　419系は北陸線に投入された。クモハ419形はモハネ583形の前位に切妻の運転室を取り付けた制御電動車。造形は全く考慮されず、「食パン電車」の異名を持っていた。近郊形に改造された583系の象徴的な電車であった。

クハ419-1 1986(昭和61)年12月19日 金沢運転所

クハ419形 0番台

　クハネ581形を近郊形電車に改めた制御車(Tc車)。側面の折戸はもともと前位に設けられていたものに加えて後位にも増設された。頻繁に停車を繰り返す通勤電車では、運転士にも車掌にも使いづらい特急形の高運転台はそのままで、しかも背後の機器室もそのまま残されている。トイレ2カ所と洗面所3カ所が設けられていた後端は、端部に近いトイレ1カ所を残して設備が撤去され、デッドスペースとなっている。このような最低限の改造によって、大まかな床面積が59.5㎡のクハ419形は、何と27％に相当する16㎡が客室として使えない。国鉄は、1984(昭和59)年度に1兆6,500億円もの赤字を計上し、累積債務が本会計で7兆円にも達して事実上の破産状態にあった。そのような極限状態にあったからこそ、このような苦しい設計の車両が登場したと言える。

モハ418-11 1986(昭和61)年12月18日 金沢運転所

クハ418-1 1986(昭和61)年12月18日 金沢運転所

モハ418形0番台

　主変圧器、主整流器などを搭載した電動車（M'車）で、モハネ582形から改造された。クモハ419形とユニットを組む。床面積58㎡のモハ418形には、クハ419形のようなデッドスペースは少ない。客室として使用できないのは、3カ所存在する床置式のAU41A形冷房装置分の4.5㎡で、全体の8％である。パンタグラフは1基が撤去され、PS16H形が1基となっている。パンタグラフ下の低屋根部は、モハ582形時代には二段寝台となっていた部分だ。

　特急形電車の名残から各車両とも空車質量は40tを超えている。加速力を確保するため、1：3.5であった歯数比は419系の改造に伴い5.6と、通勤形電車並みとなった。

クハ418形0番台

　電動車から改造された制御車（Tc車）で、元はサハネ581形。419系では15両登場した制御車のうち、クハ418形は9両で、6両のクハ419形よりも多い。運転室の床面積は6.6㎡と、特急の姿を残したクハ419形の8.6㎡よりコンパクトだ。

　2カ所の折戸のうち、前位のものはサハネ583形時代には端部に設置されていたものを4,730mmずらして移設。後位のものは端部から4,510mmの位置に新設した。これらの措置のおかげで419系中、車体の両端に座席が設けられた唯一の形式となった。写真のクハ418-1はサハネ581-51から改造された。近郊形電車への改造は原則として向日町運転所への配置分から実施されたなか、同車は青森運転所から来た唯一の車両だ。

419系

クハ421-81 1986(昭和61)年1月31日 大分電車区

421・423系
関門トンネルを通過した近郊形電車

鹿児島線門司港〜久留米間が交流電化された1961(昭和36)年6月1日、直流で電化された山陽線との直通運転を行うために投入された交直流近郊形電車。423系は421系の高出力版で、電動車のみ製造された。

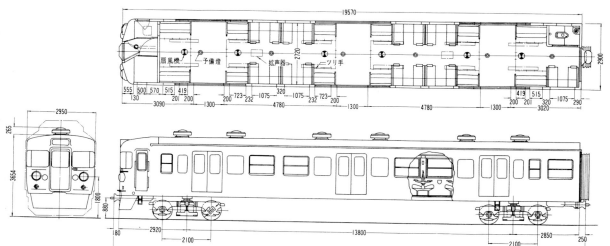

421・423系

クハ421形 0番台

　421系は、401系の60Hz版となる交直流近郊形電車だ。量産先行試作車となる4両編成2本が登場したのは1960（昭和35）年12月と401系よりも4カ月遅いものの、製造両数は401系の140両に対して421系は152両と、421系のほうが多い。

　クハ421形はモハ421・420形、モハ423・422形に連結される制御車だ。どちら向きにも連結でき、電動空気圧縮機を備えている。クハ421形の場合、電動空気圧縮機を交流区間で作動させる際に必要な補助平滑リアクトルなどがクハ401形と異なるために別形式となった。だが、クハ421-3以降はクハ401形と同一仕様となり、別形式とする意味合いは薄い。その後登場した交直流電車の制御車、付随車は50・60Hz両用となり、先に登場した系列内の形式に統一されている。

　客室は、401系から採用された片側3扉のセミクロスシートで、ドア間にボックスシートが両側4組、ドア横に2人掛けのロングシートが設置されている。

　写真のクハ421-81は1966（昭和41）年8月の新製。モハ423・422-18、クハ421-82と同時に製造されて4両編成を組み、2001（平成13）年3月まで活躍を続けた。

モハ421-19 1986（昭和61）年1月26日 博多駅

モハ420-19 1986（昭和61）年1月26日 博多駅

モハ421形0番台

　主制御器、主抵抗器を搭載した421系の電動車（M'車）で、モハ420形とユニットを組む。主電動機には1時間定格出力100kWのMT46B形を搭載。電源周波数に関係なく走行できるが、モハ420形と連結されていたため50Hzの電化区間に乗り入れることはなく、廃車まで九州・山陽地区で用いられた。
　製造された23両のうち、JR九州に承継されたのはモハ421-17以降の7両だ。写真のモハ421-19は1962（昭和37）年3月の製造で国鉄分割民営化を乗りきった少数派の1両。1988（昭和63）年に床置式のAU2X形冷房装置を搭載した。改造後の姿はルーバーとなった側窓や、排気のために巨大化されたグローブ形の通風器など、とても個性的であった。

モハ420形0番台

　電動車のM'車で主変圧器や主整流器を搭載する。60Hz用であるため、主変圧器はモハ400形のTM2A形からTM3形に、主整流器はRS1A形・RS2A形からRS3形・RS4A形へと変更された。その他の仕様は、モハ400形とほぼ同じだ。
　写真のモハ420-19は1962（昭和37）年2月10日の新製でJR九州に承継された後、1994（平成6）年10月31日に廃車となった。なお、モハ420形の製造は20両で打ち切られたが、1966（昭和41）年2月に特殊車のサヤ420-1～3から改造された3両がモハ420-21～23として編入されている。ちなみに、サヤ420形とは九州に乗り入れた151系直流特急形電車の電源車であり、1964（昭和39）年7月から9月にかけて製造された。

モハ423-18　1986（昭和61）年1月31日　大分電車区

モハ423形0番台

　主制御器、主抵抗器などを搭載する電動車（M車）。423系は、主電動機が421系のMT46形から1時間定格出力120kWのMT54形に変更された系列で、モハ423形・422形のみ各30両が製造された。モハ423形の場合、モハ421形に搭載されていたCS12B形主制御装置がCS12D形・CF12F形へと変更されており、モハ401形からモハ403形への変化と同じだ。

　写真のモハ423-18は1966（昭和41）年8月24日に製造された。この時期に新製された近郊形電車には113系、115系、403系などがあり、屋根上の通風器は最初から押込式のモハ115形を除き、皆グローブ形である。モハ423形は全車両がJR九州に引き継がれた。そのなかでモハ423-18は2001（平成13）年3月まで活躍し、423系中、最後まで営業に就いていた車両の1両である。

クモハ451-7 1986(昭和61)年8月27日 仙台運転所

451・453系
みちのくの急行黄金時代の立役者

東北線や常磐線の急行列車用として1962(昭和37)年7月に登場した、交流2万V・50Hz区間向けの交直流電車。451系は出力100kWのMT46形、453系は同120kWのMT54形を装備し、耐寒・耐雪構造を備えている。

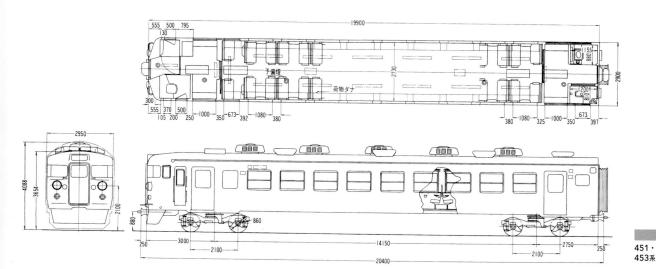

クモハ451形

　451系の制御電動車で、主制御器、主抵抗器を搭載するMc車。国鉄が451系を設計した当初、先頭車はこのクモハ451形だけが計画され、クハ451形は存在しなかった。と言うのも、出力が100kWと小さいMT46B形直流主電動機を搭載している関係で、勾配区間での運転には編成中の電動車を増やす必要が

あったからだ。この結果、クモハ451形は奇数・偶数のどちら向きでも連結できるように電気連結器を装備し、1962(昭和37)年当時は東北線向けの場合青森方からクモハ451形＋モハ450形＋クモハ451形＋モハ450形＋サハシ451形＋サロ451形＋サロ451形＋サハシ451形＋モハ450形＋クモハ451形という編成を組んでいた。勾配区間があるため、153系直流電車のような平坦仕様ではなく、力行時に3

〜5ノッチ間を自由に設定できるノッチ戻し機能付きのCS15形主制御装置を採用した。

　写真のクモハ451-7は1962年7月30日に新製。撮影の時点では仙台運転所に配置となり、普通列車に使用されていた。なお、クモハ451-7を含む1〜9は登場当初、前位の側引戸が外吊り戸となっていた点が特筆される。外吊り戸を変更した理由は、P242のクモハ471形の項を参照。

モハ450-7 1986(昭和61)年8月27日 仙台運転所

モハ450形

　主変圧器、主整流器を搭載する電動車(M'車)で、クモハ451形とユニットを組む。直流電車である153系のモハ152形に似ているが、屋根上には特別高圧に対応した機器が積まれているため、前位の端部からパンタグラフの中心まではモハ152形の2,750mmから4,250mmへと車体中心寄りに移された。この結果、重量バランスを考慮して、台車の中心位置もパンタグラフが装着されている前位が2,750mmから2,850mmへ、後位も3,000mmから3,100mmへと、車体内側へ100mmずつ寄せられている。台車間のスペースが狭くなり、床下に機器を多数搭載するには不利だが、脱線を防ぐにはやむを得ない。写真は左側手前が3位、右側が1位。反対側の2位・4位側の腰板には主整流器を冷却するための通風口が設けられた。この点もモハ152形と異なる。写真のモハ450-7は、1992(平成4)年まで活躍した。

クハ451-17 1986（昭和61）年8月27日 仙台運転所

クハ451形

　形式上は451系の制御車（Tc車）だが、実は451系と同時期に登場したのは1963（昭和38）年3月19日製造のクハ451-1だけ。同2〜-40の39両は、451系の主電動機の出力を向上した453系、1965（昭和40）年2月に2両だけが製造された473系の制御車として登場。東北のほか北陸でも活躍した。

　クモハ451形の前位の引戸が、外吊り戸から戸袋付きの引戸に改められた時期に設計されたことから、前位の引戸は最初から戸袋付きだ。なお、クハ451形はクモハ451形には存在する運転室の助士側後方の機器室が設けられていない。このため、1位側乗務員室扉と乗降扉との間に幅370mmの二段窓があり、左右非対称となっている。

　写真のクハ451-17は、1963（昭和38）年7月に新製されて勝田電車区に配置され、仙台電車区に移った後1990（平成2）年5月に廃車された。

クモハ453-13 1986(昭和61)年8月27日 仙台運転所

クモハ453形

　453系は、451系の直流主電動機をMT54形に変更した出力向上版で、1963(昭和38)年7月に登場した。クモハ453形は、モハ452形とユニットを組む制御電動車(Mc車)だ。

　編成中の電動機の比率を高めたとはいえ、最大で25‰の上り勾配が連続する東北線は、451系には過酷だった。出力120kWのMT54形直流主電動機の開発は、関係者にとって朗報であったに違いない。1963年1月に115系、2月に165系とMT54形付きの電車が登場するなか、453系は同年7月にデビューを果たす。ところが453系は115・165系に搭載された抑速ブレーキを持たない。必要ないと判断されたのではなく、制御用の電気連結器の芯数が足りなくて断念せざるを得なかったのである。

　制御電動車のクモハ453形は21両が製造された。455系までの橋渡し役ではあるが、実はクモハ451形よりも9両多い。

モハ452-6 1986(昭和61)年8月27日 仙台運転所

モハ452形

　モハ450形の出力増強版。屋根上の機器配置に若干の違いがあるほかは、ほとんど見分けがつかない。クモハ453形とユニットを組み、21両製造された。

　451・453系は、常磐線の準急(後に急行)「ときわ」や東北本線の急行「まつしま」などに投入された。当時は上野〜東京間の直通運転が可能で、伊豆急下田・修善寺〜平(現・いわき)間の臨時急行「伊豆常磐」への投入実績もある。

　453系の交流2万V・60Hz版として473系がある。こちらは1965(昭和40)年1月の製造と、453系よりも1年ほど遅く登場したうえ、クモハ473形とモハ472形とがそれぞれ1両ずつ製造されたのみであった。しかも、国鉄の分割民営化時にはそれぞれクモハ413-101、モハ412-101に改造されてすでに消滅した系列となっていた。

クモハ455-17 1986(昭和61)年8月27日 仙台運転所

455系
昭和40年代東北地方の主力電車

453系に抑速ブレーキを追加し弱点を解消した系列で、1965(昭和40)年5月に登場。451・453系の137両に対して253両と大量に新製され、東北線・磐越西線・奥羽線などの急行形主力電車として活躍した。

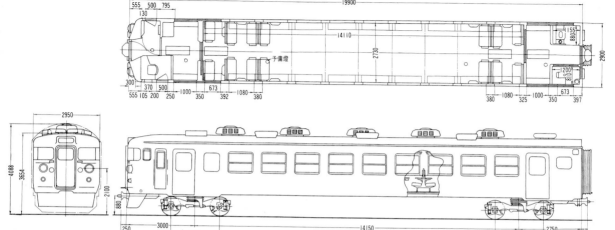

クモハ455形0番台

　クモハ453形の抑速ブレーキ搭載版。モハ454形とユニットを組んだ。クモハ455-1～51の51両が製造されたほか、クモハ453形から改造された200番台が２両加わっている。主制御器は抑速ブレーキを作動させるためにクモハ453形のCS15形よりも容量も体積も一回り大きいCS15B形。この結果、クモハ453形に搭載されていた電動空気圧縮機は、455系ではモハ454形に移設されている。

　453系では省略せざるを得なかった抑速ブレーキを搭載できたのは、KE58形ジャンパ連結器の賜物だ。芯数は19で、片側にのみ配線がある片渡りのため、クモハ453形とは異なり方向転換ができない。

　1966 (昭和41) 年６月に製造されたクモハ455-15からは、座席の寸法と形状が変更され座り心地が改善されたほか、背ずり横の取手も角形に変更された。

　写真のクモハ455-17は1966年６月25日の製造。東北線の主力として活躍し、2008 (平成20) 年11月に廃車となるまで仙台運転所 (後に仙台電車区を経て仙台車両センターに改称) で過ごした。なお、クモハ455-1はさいたま市の鉄道博物館に保存・展示されており、車内も見学できる。

モハ454-17　1986（昭和61）年8月27日　仙台運転所

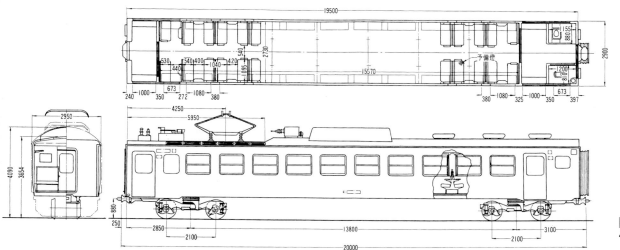

モハ454形 0番台

　モハ452形の抑速ブレーキ搭載版。クモハ455形とユニットを組む電動車（M'車）で、1965（昭和40）年5月から1968（昭和43）年9月にかけて、51両が新製された。モハ452形から2両が改造されて200番台となったのも、クモハ453形と同じである。

　455系が活躍した昭和40年代の東北地方は、急行王国だった。東日本のほとんどの電化区間に入線でき、勾配区間にも強い455系は抜群の汎用性を発揮。急行「いわて」「ばんだい」「つくばね」「あぶくま」「仙山」など、13両編成で走る幹線急行から3両編成のローカル急行まで、あらゆる条件の路線で活躍した。

　なかでも、1971（昭和46）年春から翌年夏まで多客期に運行された臨時急行「もりおか」、後の「エコーもりおか」は、全車指定席の俊足急行として知られる。特急「やまびこ」の補完列車として運行され、上野〜盛岡間を最速6時間31分で結んだ。特急「やまびこ」の所要時間が6時間8分だったことからも、455系の高性能ぶりがわかる。

　写真のモハ454-17は、クモハ455-17と生涯を共に過ごし、2008（平成20）年11月に役目を終えて解体された。

クハ455-66　1986(昭和61)年1月31日　大分電車区

クハ455-602　1986(昭和61)年1月30日　熊本客貨車区川尻支区

クハ455形0番台

　クハ451形にKE58形ジャンパ栓を装着して、抑速ブレーキを作動させられるようにした制御車(Tc車)。1965(昭和40)年5月から1970(昭和45)年9月まで、75両が製造された。クハ451形をモハ454形など455系に連結して運転することも可能だが、電動車の抑速ブレーキは作動させることができない。クハ451形と同じく、偶数向き(東北線なら上野方)に連結された。

　1969(昭和44)年から順次冷房装置を取り付ける工事が行われ、同時に110kVAの電動発電装置が設置された。

　写真のクハ455-66は、1970年6月19日に落成した車両で、新製時から冷房を搭載。鹿児島運転所(現・鹿児島総合車両所)に配置され、2006(平成18)年2月に廃車となった。

クハ455形600番台

　国鉄末期の1984(昭和59)年12月に、サロ455形、サロ165形に運転室を取り付けて誕生した455系の制御車(Tc車)。クハ455-601〜605は、サロ455形からの改造で二連窓、クハ455-606〜611は二段窓に改造されたサロ165形からの改造で、外観が異なる。客席は、車端部のロングシート以外はグリーン車時代のシートを4人向かい合わせに固定して使用していた。

　他にクハ455形に改造されて誕生した番台は、サハシ455形・クハ451形からの200番台、クハ165形からの300番台、クモハ165形からの400番台、サハ165形からの500番台、サハ455形からの700番台があり、JR東日本、JR西日本、JR九州の3社のいずれかに承継された。

238

サハ455-7 1986(昭和61)年12月18日 金沢運転所

サハ455形

　北陸線の編成変更によって、457系と共に登場した付随車。1971(昭和46)年3月から4月にかけて8両が新製され、国鉄急行形電車としては最後の新形式となった。車体構造、客室、外観共、1962(昭和37)年に3両が製造されたサハ451形と全く同じだが、サハ451形は国鉄分割民営化以前に全車廃車となっている。

　サハ455形は、1985(昭和60)年度に2両がクハ455形700番台に改造された一方、登場から約40年が経過した2010(平成22)年には、クハ455形から3両が本形式に「改造」された。ただし、これは運転室の機能を停止しただけで、外観はクハ455形のままだった。

　写真のサハ455-7は、1971年4月15日に完成し、金沢運転所に配置。1975(昭和50)年5月に勝田電車区に移動したが、1984(昭和59)年11月に金沢運転所へ再び配置替えとなった。廃車は1993(平成5)年9月30日。

クモハ457-3 1986(昭和61)年1月31日 大分電車区

457系
国鉄急行形電車の完成形

50・60Hz双方の交流電化区間で走行可能な交直流急行形電車の完成形として1969(昭和44)年9月に登場。制御電動車と電動車とで合計38両が製造された。

クモハ457形

　クモハ455・475形の50・60Hz両対応版。ただし、50・60Hz双方の電化区間をまたぐ運用や移動は実施されなかった。本来、標準化を目的のひとつとしていたが、455・475系に混じって配置された少数派だったので、かえって継子扱いだったと推測できる。製造時から冷房を備えており、屋根上にAU13E形冷房装置を5基搭載している。当時の冷房装置は故障が多く、優等列車向けには保守の手間を承知で分散形が採用されることが多かった。

モハ456-4 1986（昭和61）年1月31日 大分電車区

モハ456形

　モハ454・474形の50・60Hz両対応版電動車（M'車）。新製時から冷房付きで、AU72形冷房装置を屋根上に1基搭載している。モハ456形が登場した1969（昭和44）年当時の冷房装置は信頼性が低かったため、故障すると車両全体の冷房が使えなくなる集中形を優等列車向けの車両に採用するのは、リスクが高かった。しかし、パンタグラフなどの機器に屋根を5,950mmも占領されているモハ456形では、ぜいたくは言っていられなかった。分散形の冷房装置では、必要な数を設置できず、能力が不足するので、選択肢は集中形しかなかったのだ。

　国鉄の資料では、クモハ457形ともども17以降はトイレと洗面所がFRP製に変更された、とある。実はモハ456-16と同17は同じ1971年3月25日に川崎重工業で新製された車両。実際にFRP製に変わった車番が何番なのかは不明である。

クモハ471-15 1986(昭和61)年12月20日 福井駅

471系
北陸地方に初めて投入された急行形電車

1963(昭和38)年4月20日、福井〜金沢間の電化完成に伴い大阪〜金沢間の急行に投入された交直流急行形電車。交流2万V、60Hzに対応する。

クモハ471形

　クモハ451形の60Hz版。乗降扉は低いホームに対応したステップ付きで、前部の扉は車体直下の枕ばりと競合している。そのためクモハ471-15を除き運転室後方の引戸は外吊り戸とした。車体の外に貼り付けた外吊り戸は、冬の北陸では開閉不能となる恐れがあり、クモハ471-15では枕ばりの設計を変えて戸袋付きの引戸に変更した。外吊り戸も、練習運転中に特定のトンネルで開くトラブルがあり、最終的には全車が引戸に改造された。

モハ470-3 1986（昭和61）年12月18日 金沢運転所

471系

モハ470形

モハ450形の60Hz版で、クモハ471形とユニットを組む。モハ470-1～3の新製日は1962（昭和37）年7月20日で、モハ450-1～3よりも1日だけ早く誕生している。

製造両数、番号ともクモハ471形と同一で、1～11・13・15の13両が製造された。12・14が欠番となっている理由は、1～11は金沢方、大阪方のどちらでも使用可能であるのに対し、13・15は奇数向きの金沢方でしか使用できないからだ。

471系は製造している途中で方針が変更され、向きが固定された。一方、モハ470-15よりも後に登場したクモハ451・モハ450-10～13は、双方向対応を貫く。投入された線区を見ると、451系は勾配区間が多い東北線だったのに対し、471系は平坦線を基本とする北陸線だったため、運命が分かれたのだ。なお、クモハ471形は、冷房取付時に奇数向き固定となっている。

クモハ475-50　1986(昭和61)年12月20日　福井駅

475系
新幹線接続の山陽急行として活躍

抑速ブレーキを搭載した455系の60Hz版。1965(昭和40)年10月1日から新大阪〜博多間や岡山〜熊本間の急行列車に投入され、続いて北陸系統へ進出していった。

クモハ475形

　モハ474形とユニットを組む制御電動車(Mc車)で、制御車や付随車は455系と共用する。455系の60Hz版ではあるが、製造数はクモハ475形＋モハ474形が53ユニット106両で、クモハ455形＋モハ454形の51ユニット102両を上回り、交直流急行形電車中最も多い。さすがは山陽新幹線開業前に多数の急行列車が運転されていた山陽・九州系統に用いられていただけのことはある。53両中35両が九州地区、18両が北陸地区という配置状況にも納得が行く。

モハ474-11 1986(昭和61)年1月30日 熊本客貨車区川尻支区

モハ474形

　クモハ475形とユニットを組む電動車(M'車)で、モハ454形の60Hz版。モハ450・470・452・472形で見ることのできた2位・4位側の車体腰板部の主整流器用冷却風取入口は、モハ454形と同様に姿を消し、代わりにパンタグラフ下の通風口が片側に3カ所ずつから増備の途中で6カ所ずつに増設されている。

　53両が製造されたうち、1968(昭和43)年に製造されたモハ474-49〜53は、将来の冷房装置の設置を見越した冷房準備車として登場。後に53両すべてがAU72形冷房装置を搭載した。この点は、50Hz版のモハ454形も似ており、冷房準備車は全51両のうちモハ454-37〜42の6両。同42〜51は新製時から冷房装置を搭載して製造された。

　向かい合わせのクロスシートのシートピッチは1,460mm。腰掛の腰部は当初は500mmで、モハ474-35以降は520mmに広げられ、座り心地が若干改善された。

クハ481-2 1986（昭和61）年6月9日 勝田電車区

481・483・485系
国鉄特急の代名詞と言うべき名車

交直流特急形電車を代表する、国鉄特急の象徴的存在。1964（昭和39）年から1979（昭和54）年まで1279両が製造された。交流60Hz用の481系、50Hz用の483系、50・60Hz両用の485系が存在し、485系と総称する。

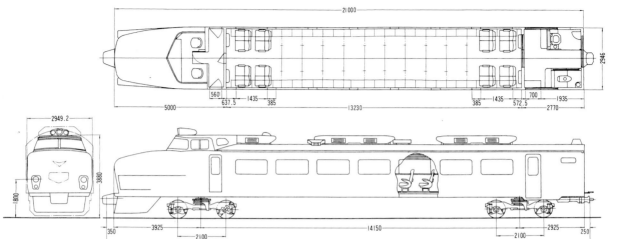

481・
483・
485系

クハ481形0番台

　1964（昭和39）年10月に、関西・名古屋圏と北陸を結ぶ特急「雷鳥」「しらさぎ」用としてデビューした。481系は西日本の交流電気に合わせて60Hzを採用したことが特徴で、走行中に直流と交流を切り替えた。切替地点には、電気が通らないデッドセクションが設けられ、ここを通過する際は室内灯が一瞬消えるため、乗客にも通過がわかった。

　車体は、ビジネス特急「こだま」に使用された直流用特急形電車151系をベースとし、ボンネット型の先頭部形状を受け継いだ。151系は高速性能の面から低重心化が図られ、床面の高さが1,100mmだったのに対し、床下に交流機器を艤装した481系は1,235mm。車体断面は151系と同じ寸法で、車体高は床面高さの分だけ高くなっている。運転室の高さは3,880mmと151系と同じで、運転室後部に力こぶがついた形状となった。当初はボンネット部に「ひげ」が付き、前面下部の「スカート」は赤だったため、151系との識別は簡単だった。

　クハ481形0番台は40両が製造されたが、1970年代に、485系を最大15両編成とする構想が出たため、電動発電装置を床下に移して210kVAとした100番台26両が登場した。

クハ481-207 1986(昭和61)年2月28日 日根野電車区

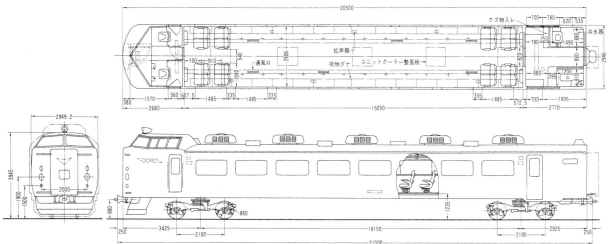

481・483・485系

クハ481形 200番台

　1972（昭和47）年9月に登場、翌年9月までの1年間に63両が製造された形式。特急列車の分割併合運転が増えていたことを踏まえ、先頭部が、同年に登場した直流特急形電車183系と同じ貫通型となったことが特徴だ。この設計変更により、0番台ではボンネット内に搭載していた電動発電装置が床下に移り、容量は150kVAから210kVAにアップして5両に給電が可能となった。また、電動空気圧縮機も同様に床下装備に変更、容量もC3000からC2000に変更された。先頭部の連結器も、ボンネット型では自動連結器がカバーに収納されていたが、200番台では分割併合運転を見越して、他の電車と簡単に連結できる密着連結に変更された。ボンネットがなくなったぶん、定員は64名となった。冷房装置はAU12形×5台からAU13E形×5台に変更、容量は1台あたり5000kcal/hから5500kcal/hにアップしている。

　1972年10月改正から、新たに485系を受け持つこととなった青森運転所などに配属。最長距離昼行特急だった大阪〜青森間の「白鳥」にも投入された。写真のクハ481-207も当初は青森に配属されたが、JR発足時は好調の「くろしお」を担当していた。

クハ481-310 1986(昭和61)年12月18日 金沢運転所

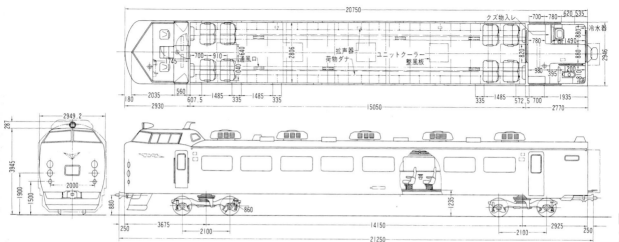

クハ481形300番台

　1974（昭和49）年2月から翌年5月にかけて54両が製造されたグループで、先頭部が非貫通型に変わったことが大きな特徴。列車愛称幕も大きくなり、電動式が採用された。写真のクハ481-310は、金沢運転所に配備されて「雷鳥」「北越」などとして活躍した。
　車体長は、ボンネット型が21,600mm、200番台は21,000mmだったのに対し、300番台は運転室を拡げたため21,250mmに変更、電動空気圧縮機の容量は200番台と同じながら、床から助手席側下に移った。
　貫通路がなくなりスペースが生まれたため、運転台への昇降は梯子から、ボンネット型と同様に階段を昇る方式へと変わっている。200番台では、貫通扉から入る隙間風を防ぐためテープなどを使用していたが、この問題がなくなり運転席の保温性が向上した。
　定員は64名と変更ないが、座席はベンチシートから各席独立の簡易リクライニングシートとなり、長旅も少し楽になった。
　トイレには循環式の汚物処理装置が新製時から装備された。洗浄水は薬品処理して再使用されていたが、現代の車両は真空状態を作って汚物を吸い込む真空式が中心となり、洗浄水がさらに少なく済むようになった。

クロ481-51 1986（昭和61）年1月26日 博多駅

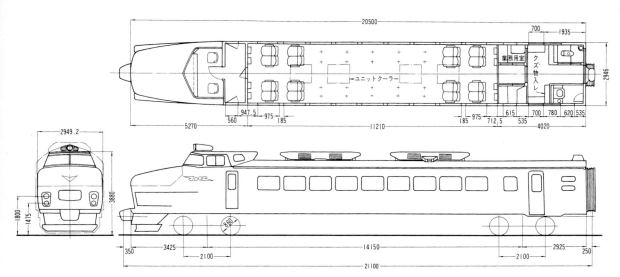

481・483・485系

クロ481形 50番台

　東北線が全線電化した1968(昭和43)年10月ダイヤ改正で登場した制御車。上野〜盛岡間「やまびこ」、上野〜仙台間「ひばり」用のサロ481-19〜25を先頭車に改造した車両だ。

　同改正では上野〜会津若松間の特急「あいづ」、上野〜山形間の「やまばと」が誕生したが、磐越西線の駅ホームの有効長や勾配の関係で、6M3Tの9両編成に制約された。当時は食堂車を連結していたため、主電動機などの配置上、一等車(後のグリーン車)を先頭車とする必要が生じ、改造された。車体長は20,000㎜から21,100㎜に伸び、定員は36名に減少した。ボンネット部には150kVA電動発電装置とC3000電動空気圧縮機を搭載する。

　同グループは、1975(昭和50)年に九州の南福岡電車区に移動、博多〜佐世保間の特急「みどり」4両編成の先頭車に転身した。1985(昭和60)年3月改正からは「有明」としても活躍し、ここで国鉄分割民営化を迎えた。

　なお、クロ481-53は、1981(昭和56)年6月7日に長崎本線久保田〜牛津間で発生した脱線事故により廃車となっている。暑さでレールが曲がったことが原因だった。

クハ481-1504　1986(昭和61)年10月5日　青森運転所

クハ481形1500番台

　1975(昭和50)年7月、北海道初の特急電車「いしかり」(札幌〜旭川間)としてデビューした車両だ。1974(昭和49)年5〜6月に8両を製造、営業運転投入の前に各種走行試験を実施した。当時、北海道の電化区間は全て交流電化だったが、冬の北海道の天候の厳しさは東北などとは次元が異なり、新型車両の開発には時間が必要との結論から、交直両用の485系が投入となった。

　クハ481形300番台がベースで、悪天候時の視界確保を図るため、屋根上の前照灯を2灯としたことが外観上の特徴。運転室には温風式暖房器を装備している。台車は車輪の汚れなどを除去する踏面清掃装置を取り付けたTR69G形を履き、主要機器への雪の侵入対策も考慮されていた。

　1980(昭和55)年10月に北海道専用の781系がデビューしたため、台車をTR69H形に履き替えて本州に移籍した。

クロ480-9 1987（昭和62）年3月26日 西鹿児島駅

クロハ481-204 1986（昭和61）年10月18日 博多駅

クロ480形 0番台

　鹿児島本線の特急「有明」を短編成化するため、1984（昭和59）年12月から翌年4月にかけて、サロ481形から15両が改造された車両。車両の後位に非貫通の運転台を設置し、助手席下部に電動空気圧縮機、床下に210kVAの電動発電装置が設置された。在来線特急の役割が、従来の長距離輸送から新幹線に接続しての中距離都市間輸送に変わってきたことから、編成を短縮して、捻出された車両を増発や他地域への転配にまわす手法が取られた。本グループは、そうした時代の要請から登場した改造車のひとつ。当時国鉄は財政状況が逼迫しており、車両を新製せずに増発する手段として、JR初期まで多数の車両が同様の改造を受けることになった。

クロハ481形 200番台

　国鉄最後のダイヤ改正となった、1986（昭和61）年11月改正は、「明日へ 便利レール新ダイヤ」と称して、史上空前規模の増発が行われた。鹿児島本線の特急「有明」も、15往復から一気に25往復に増発されたが、車両を新造する余裕はなかったため、短編成化によってまかなわれた。そこで、半室グリーン席に改造されたのが本グループだ。同改正では、福知山線電化に伴い新大阪〜城崎（現・城崎温泉）間に特急「北近畿」が登場し、こちらにもJR発足までに順次投入されている。

　種車はクハ481形200番台で、「有明」用が8両、「北近畿」用が6両改造された。グリーン席は「有明」用が3列シート9席、「北近畿」用が4列シート16席と、仕様が異なった。

481・
483・
485系

クロ481-1　1986(昭和61)年1月26日　博多駅

クロ481-103　1986(昭和61)年1月25日　南福岡電車区

クロ481形0番台

　1968(昭和43)年6月から翌年6月にかけて5両が製造された一等車(後のグリーン車)。ほぼ同一仕様のクロ481形50番台はサロ481形からの改造だったが、こちらは新造車で、1968年10月改正から、50番台と共に、「あいづ」(上野〜会津若松)、「ひばり」(上野〜仙台)、「やまびこ」(上野〜盛岡)、「やまばと」(上野〜山形)の各列車として活躍した。1975(昭和50)年にクロハ481-1・2の2両は50番台と共に南福岡電車区に移動。残りの3両は1983(昭和58)年10月にクハ481形600番台に改造されて、仙台運転所から鹿児島運転所に移動した。クロ481-4は、一度クハ481-604に改造された後、1988(昭和63)年12月に再度改造されて旧車号に復帰したユニークな経歴の持ち主だ。

クロ481形100番台

　1971(昭和46)年6月から翌年2月にかけて、クハ481-101〜104と共に4両を新造、仙台運転所に配属されて「ひばり」などの増発に対応した車両である。0番台との大きな違いは、電動発電装置がボンネット内から床下に移って、150kVAから210kVAにアップしたこと。この電動発電装置はデンデンムシを彷彿させる丸形をした機器である。東北新幹線が本格開業した1982(昭和57)年に南福岡電車区へ移動し、ここで国鉄分割民営化を迎えてJR九州に承継されている。クロ481-102以降は、当初はタイフォンがスカート部に装備されていたが、雪害対策のため、0・50番台とともに1972(昭和47)年から翌年にかけてボンネット部に移設されている。

クハ481-105　1986（昭和61）年12月18日　金沢運転所

クハ481形100番台

　1971（昭和46）年6月から翌年6月にかけて26両が製造された制御車（Tc車）で、電動発電装置がボンネット内から床下に移り、容量も150kVAから210kVAにアップした。前面下部の「スカート」も、0番台では当初は赤に塗装されていたが、100番台は最初からクリームに塗装された。

　当初は仙台運転所や青森運転所に配属された車両が多かったが、その後は向日町運転所など北陸線がベースに変わり、ボンネット型の特急「雷鳥」の顔として活躍を続けた。写真のクハ481-105は、1972（昭和47）年の新製時から向日町に配置され、2003（平成15）年1月に廃車となるまで北陸を走り続けた車両だ。JR西日本に承継後は、アコモデーションの改造を実施し、座席をベンチシートからリクライニングシートへ変更した。33年近く走り続け、2004（平成16）年2月に同グループは消滅した。

クハ480-5 1986（昭和61）年10月22日 福知山電車区

クハ480形 0番台

 国鉄末期にあっても好調だった紀勢線の特急「くろしお」の増発にあたり、不足した先頭車を補うため、1984（昭和59）年から翌年にかけて、サハ481形などから改造されたグループ。貫通型ではあるが、クハ481形200番台が左右に開く構造だったのに対して、こちらは片開きのドアを開くと貫通路が現れる簡易構造が特徴だった。またこの車両は、種車によって冷房装置の形式が異なっており、クハ480-5～8はAU13E形、それ以外はAU12形を採用。最後に改造されたクハ480-9～11はサハ489形200番台からの改造で、電動発電装置と電動空気圧縮機を撤去している。改造当初は日根野電車区に配属され、紀伊半島で活躍した。写真のクハ480-5は、国鉄分割民営化直前の1987（昭和62）年2月に、特急「北近畿」向けに電動発電装置と電動空気圧縮機を搭載してクハ481-851に再改造されている。

クハ481-501 1986(昭和61)年2月1日 大分駅

クハ481-1038 1986(昭和61)年10月7日 秋田運転区

クハ481形 500番台

　1984(昭和59)年1月に直流用特急形電車181系から改造されて鹿児島運転所に配置された車両で、クハ481-501はクハ181-109、同502はクハ180-5が種車であった。クハ481-502は元「あさま」で、横川〜軽井沢間ではEF63形電気機関車と連結していたため、ジャンパ栓のほか解放時に使用するテコがそのまま残っていた。一方のクハ481-501は、改造当初は「とき」時代の面影を残す赤いラインがそのままで、話題を呼んだ(その後撤去)。1986(昭和61)年11月改正から、九州の485系が交直デッドセクションを越えて下関まで直通することになった。この車両は交流電化区間のみの運行を想定していたため交直切換スイッチがなく、すぐに追加されたという。

クハ481形 1000番台

　1976(昭和51)年2月から1979(昭和54)年6月にかけて43両が製造された、485系制御車(Tc車)の最終グループである。485系は当初から寒冷地、積雪地帯での運行を想定し、耐寒・耐雪性能が考慮された設計となっていたが、豪雪地帯の上越・信越線で運用される「とき」用183系1000番台が良好な実績を重ねていたことから、その機能を導入したもの。外観、定員は300番台と同じであるが、主回路故障時のユニットカットや、電源装置が故障した際の電源誘導処理などが、運転室からの指令によって行えるよう改良された。これにより引通しジャンパ栓が増えたため、車両の向きが固定されている。このほか1500番台で実績があった温風式暖房器を運転室に搭載した。

481・
483・
485系

サロ481-50 1987(昭和62)年3月25日 大分駅

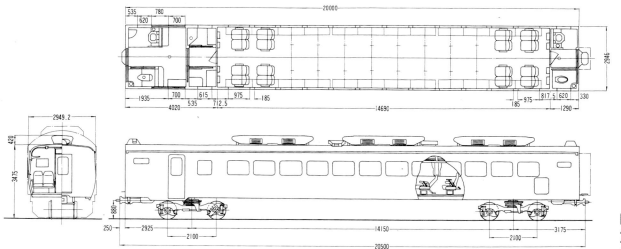

サロ481形0番台

　485系の一等車（グリーン車）。1964（昭和39）年10月から1976（昭和51）年2月にかけて133両が製造された。車内は、奇数向きに普通車と同様に和式トイレ、洗面所を設け、デッキ部と客室の間に車掌室と業務用室、偶数向きの車端部に当時としては珍しい洋式トイレと洗面所を配置した。客席はシートピッチを1,160mmとゆったり確保したフルリクライニングシートを採用。定員は48名と国鉄一等車の標準的な仕様で、全国で活躍した。

　冷房装置は、初期の車両はAU12形だったが、1972（昭和47）年9月に登場したサロ481-52からAU13E形に変更。搭載数は6台から5台になった。台車はTR69A形だったが、1972年8月に登場したサロ481-36から空気ばねを改良したTR69E形に、1975（昭和50）年9月登場のサロ481-115からはブレーキシリンダーを改善したTR69H形に変更している。　サロ481-115・116・122・123・127・128の6両は、奇数寄りに車販準備室を備え、偶数寄りのトイレは和式の異端車だったが、210kVA電動発電装置とC2000電動空気圧縮機を装備して1050番台となり、1978（昭和53）年から奥羽線「つばさ」に充当された。

サロ481-509　1986(昭和61)年2月24日　向日町運転所

サロ481-1005　1986(昭和61)年10月7日　秋田運転所

サロ481形500番台

　1985(昭和60)年3月改正にて、北海道を除く在来線昼行特急から食堂車が全廃となったことを受け、余剰となったサシ481形から改造されたグリーン車。同改正から「雷鳥」に組み込まれた和風車「だんらん」で、旧食堂と厨房を畳敷きの座敷とし、4人分の座卓が7つ、衝立で間仕切りされていた。厨房の一部はビュフェカウンターに改造、電子レンジなどを設置した。雪見障子を設けたほか、窓も変更となったが、通路側は外観上の変化はなく、食堂車時代の面影が残っていた。9両在籍したが、JR化後の1989(平成元)年に6両が「スーパー雷鳥」用ラウンジカーとしてサロ481形2000番台に再改造、残った3両も1993(平成5)年8月31日に廃車となった。

サロ481形1000番台

　耐寒・耐雪強化仕様である1000番台のグリーン車として、1976(昭和51)年2月から1979(昭和54)年6月にかけて8両が製造され、秋田運転区に配置された。床下に210kVA電動発電装置とC2000電動空気圧縮機を装備している。定員は0番台から引き続き48名と同じであるが、車内設備は1050番台に改造されたグループと同様、奇数向きに車内販売準備室を設けている。ほぼ同一仕様の改造車として1500番台もあった。こちらは1978(昭和53)年6月に登場した「とき」用のサロ181形1100番台を、上越新幹線開業後に改造したもの。設計段階から485系への改造を考慮していたため、1000番台と外観の差異は少なかった。

サハ481-10 1986（昭和61）年1月26日 博多駅

サハ481-109 1986（昭和61）年10月5日 青森運転所

サハ481形0番台

　1970（昭和45）年5月から1975（昭和50）年2月にかけて19両が製造された付随車（T車）。仙台運転所に配属となった14両は、12両編成の8号車に組み込まれ、「ひばり」（上野～仙台）などで活躍した。金沢運転所に配置された5両は、12両編成の9号車に組み込まれた「しらさぎ」（名古屋～金沢ほか）で使われていた。1975年に金沢運転所から南福岡電車区に転じた車両は、「有明」（博多～西鹿児島ほか）や「かもめ」（博多～長崎）に組み込まれていた。いずれも、グリーン車隣の普通車指定席で、主電動機もなく静かに過ごせるお値打ち車両だった。なお、1972（昭和47）年11月に、481-1・2はサハ489-51・52に、サハ481-12～19はクハ480-1～8に改造された。

サハ481形100番台

　1976（昭和51）年に18両が製造された付随車（T車）で、電動発電装置、電動空気圧縮機を搭載、デッキ部と客室との間に車内販売準備室を設けていた。

　同グループは、国鉄末期の485系短編成化によって余剰となり、逆に直流用特急形電車の先頭車が不足したため、多数が改造を受けた。1985（昭和60）年から翌年にかけて、クハ183形100番台、クハ182形0番台、クハ182形100番台、クハ188形100番台、600番台へ合計14両が改造、原形のままJRに承継されたのは4両だけだった。写真のサハ481-109は最後まで原形をとどめた貴重な1両で、1986（昭和61）年9月に青森運転所に移動してJR東日本に承継された。

481・
483・
485系

サシ481-66 1986(昭和61)年12月18日 金沢運転所

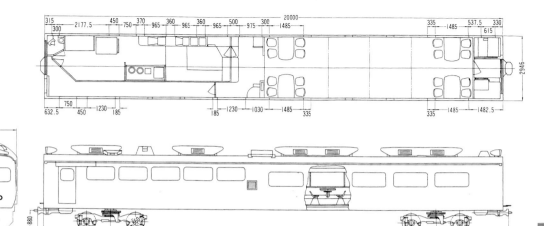

481・
483・
485系

サシ481形

　485系の食堂車で、1964(昭和39)年10月から1974(昭和49)年7月までに76両が製造された。奇数寄りに厨房と通路を設置し、偶数寄りが食堂となっている。客席は、4人掛けテーブルが通路をはさんで左右に10卓並んだ40席。このレイアウトは、車両の向きは異なったものの、ほかの特急形電車や、特急形気動車、客車など、国鉄在来線の食堂車に共通する仕様だった。なお、初期の車両は各窓にカーテンを備えていたが、防火対策などのため1968(昭和43)年7月完成のサシ481-15からは複層ガラス内に設置されたブラインドに変更、やや殺風景になった。

　床下には、調理などに使用する1000ℓの水タンクを4基搭載していたほか、客室の冷房や暖房、調理などに必要な電源を供給するため、70kVAの電動発電装置を搭載。両端には回送運転台を装備しており、屋根には前照灯も備えていた。

　1985(昭和60)年3月改正で在来線特急電車から食堂車が全廃となったため、大半は国鉄時代に廃車となった。復籍した車両を含め7両がスシ24に改造されて「北斗星」や「トワイライトエクスプレス」の食堂車として使用された。

モハ483-12 1986(昭和61)年6月9日 勝田電車区

モハ483形

　1965(昭和40)年6月から翌年にかけて15両が製造された電動車(M車)。1965年10月改正にてデビューした上野〜仙台間の特急「ひばり」用の車両で、全車仙台運転所に配置された。北陸本線を走る「雷鳥」「しらさぎ」が、西日本エリアの60Hz専用である481系を使用したのに対して、こちらは東日本エリアでの使用となったため、50Hz用の車両が開発され483系の形式番号が与えられた。

　481系は1975(昭和50)年の山陽新幹線博多開業の際、全車が向日町運転所から鹿児島運転所に移動したのに対して、483系は1985(昭和60)年3月改正の際、4ユニットが勝田電車区に移動した。481系の電動車は国鉄時代末期の1982(昭和57)年から1985年にかけて、26ユニット全てが廃車となったが、483系は勝田に移った4ユニットがJR東日本に承継し、1990(平成2)年まで働いた。

モハ482-12 1986(昭和61)年6月9日 勝田電車区

モハ482形

　モハ483形とユニットを組んだ電動車(M'車)で、製造数、配置ともモハ483形と同じ。モハ483形がモハ481形と同じCS15B形制御器を搭載していたのに対して、交流電源を直流へと変換する役目を担ったモハ482形は、主変圧器がモハ480形のTM10形とは異なるTM9形を搭載した。これは交流の50Hz、60Hzの違いによる相違点で、交直流近郊用電車であるモハ402形とモハ422形、同じく急行用のモハ454形とモハ474形に共通する相違点である。整流器はRS22形から耐雪形のRS22A形に、パンタグラフもPS16B形からPS16D形に変更し、東北線の厳しい気象条件に対応した。冷房装置は、モハ483形が屋根上にAU12形を6基搭載したのに対し、モハ482形はパンタグラフを搭載していたためAU12形は3基のみ搭載、デッキ部などに床置形のAU41形を3基搭載して対処した。

モハ485-90 1986（昭和61）年1月26日 博多駅

モハ485形0番台

1968（昭和43）年7月から1976（昭和51）年2月まで255両が製造された電動車（M車）。交流の50Hz区間と60Hz区間の双方に対応したことが最大の特徴で、485系を名乗った。なお、電装機器を搭載しないクハ、サハなどの付随車は、モハ485形登場後も「481形」として製造が続けられている。

モハ485形は奇数寄りに和式トイレと洗面所、デッキを挟んで客室が配置された。客室窓は座席2列で1枚の窓が9枚、座席数は18列で定員72名となっている。これらの設備はモハ481形から変更はなかったが、車体は腐食に強い耐候性高張力鋼が使用された。主電動機の出力は120kWと変更ないが、MT54形からMT54B形に変更、台車はモハ481形から引き続きDT32A形を採用した。

1972（昭和47）年8月落成のモハ485-62からは、主電動機がメンテナンスフリー化が図られたMT54D形に、台車も乗り心地が改善されたDT32E形に変更。同年9月に登場のモハ485-97からは、冷房装置がAU12形から出力の高いAU13E形となった。

1974（昭和49）3月に登場の207からは、座席に簡易リクライニングシートが採用され、背ずりを個々に倒せるようになった。

481・483・485系

モハ484-96 1986(昭和61)年1月26日 博多駅

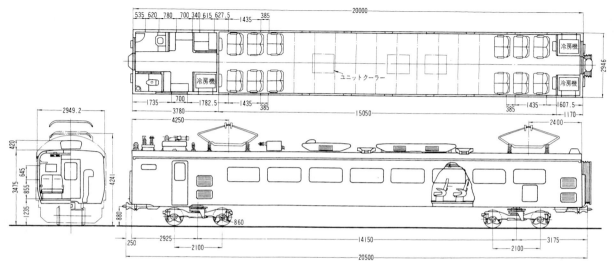

モハ484形0番台

　モハ485形とユニットを組む電動車（M'車）で、全96両が製造された。交流50Hz、60Hz共用となったため、主変圧器はTM14形が採用された。これにより、使用線区ごとに異なる形式の車両を製造する必要がなくなったため、新規投入や、その後の転配が容易になった。

　国鉄末期の1985（昭和60）年3月改正では、全国の輸送体系が変更され、485系を中心とした車両が空前の規模で全国を大移動したが、緻密な計画をもとに、予定通り完了したという記録が残っている。車両の共通化と、国鉄の全国ネットワークを最大限に発揮した転配だった。

　客室は、奇数寄りに和式トイレと洗面所、デッキを挟んで客室との間には、床置式冷房装置AU41形を収納するスペースと業務用室があり、AU41形の残る2基は偶数寄りの車端側左右の機器室に収められていた。このため座席数は16列、定員64名となった。

　1970（昭和45）年5月に登場したモハ484-34から業務用室を車掌室に、1971（昭和46）年12月に竣工の同50からは機器室と客室との間に仕切戸を設置したほか、主電動機や台車はモハ485形と同様の改善が行われた。

クモハ485-5 1986(昭和61)年10月18日 南福岡電車区

クモハ485形0番台

　1985(昭和60)年3月改正で、博多〜西鹿児島(現・鹿児島中央)間の「有明」を一部5両に短編成化するために、モハ485形を先頭車改造した車両である。奇数寄りに新造した運転台を装着するため、トイレと洗面所を廃止したほか、4列分の客席を撤去して乗降扉も移設。この結果、定員は72名から56名に減少した。繁忙期は7両に増結して運転したが、不足する電源容量を補うために110kVAの電動発電装置と電動空気圧縮機を搭載した。しかし床下にはスペースがないため、運転室とデッキの間に機器室を設置して対処している。

　改造の結果、通常は運転席と反対側(後位側)に置かれる客用扉が前位側にあり、乗務員扉と客用扉の間に窓のない機器室のスペースがあるなど、特徴的な姿となった。全車JR九州に承継され、2011(平成23)年まで日豊本線の「にちりん」「ひゅうが」などに使用された。

モハ484-201 1986(昭和61)年10月18日 博多駅

モハ484形 200番台

　モハ485-97以降とユニットを組む車両。モハ485形の冷房装置が分散型のAU13E形を5基搭載したのに対し、この車両は集中式のAU71A形を搭載したことが特徴だ。この結果、機器室を設けて床置式AU41形を搭載する必要がなくなり、客室が広くなって定員はモハ485形と同じ72名に増加。輸送力増強にプラスとなっている。

　1974(昭和49)年3月に登場のモハ484-309からは、座席をベンチ式から簡易リクライニングシートに変更、またPCB油の公害が社会問題となったため、同年8月に落成のモハ484-316からは、主変圧器にこれを使用しないTM20形に変更した。主変圧器は、それ以前に製造された車両もTM20形への取り替えを実施している。1975(昭和50)年2月に登場のモハ484-345まで、全145両が製造された。

モハ484-612 1986(昭和61)年2月28日 日根野電車区

モハ484形600番台

　1973(昭和48)年1月から1976(昭和51)年2月まで14両が製造された電動車(M'車)。車体は200番台に準拠しているが、デッキと客室の間に車掌室と業務用室を設けたため、定員が0番台と同じ64名へ減少している。

　1974(昭和49)年7月落成のモハ484-603からは、主変圧器を環境に優しいTM20形へと変更、座席も簡易リクライニングシートを採用した。ユニットを組むモハ485形は、0番台から継続して増備が続いたため、車両番号がペアになっていない。

　通常はグリーン車に設置される車掌室を装備していることを生かして短編成の列車に活用され、1985(昭和60)年3月改正では、485系4両編成の「くろしお」用として、国鉄最後のダイヤ改正である1986(昭和61)年11月改正では「北近畿」用に使われるなど、臨機応変に活躍した。

クモハ485-108　1986(昭和61)年10月18日　南福岡電車区

クモハ485-1006　1986(昭和61)年10月7日　青森運転所

クモハ485形100番台

　クモハ485形0番台と同様、モハ485形からの改造車で、1986(昭和61)年に8両が落成した。奇数寄りのトイレ・洗面所・デッキを廃止して非貫通型の運転室を設置し、偶数寄りに乗降扉を取り付けた。短い3両編成を想定しており、電動発電装置、電動空気圧縮機は搭載していない。このため機器室がなく、定員は64名と、クモハ485形0番台よりも8名多い。

　全車が九州の南福岡電車区に配属され、同年11月の改正で15往復から25往復に大増発された鹿児島本線の特急「有明」に充当された。JR発足直前の1987(昭和62)年3月からは、熊本駅からディーゼル機関車に牽引されて、当時非電化だった豊肥線水前寺駅まで入線もしている。

クモハ485形1000番台

　1986(昭和61)年11月改正で、5両編成で運行を開始した特急「たざわ」(盛岡〜秋田・青森間)用に、モハ485形1000番台から9両が改造された車両。まず秋田運転区に配置され、同改正と共に青森運転所に移動した。奇数寄りのトイレ・洗面所を撤去してデッキを移設、非貫通型の先頭部を取り付けたため、客室はモハ485形よりも1列4名少ない68名。秋田寄り先頭車に連結され、盛岡寄りにはクハ481形1000番台から改造された半室グリーン席のクロハ481形1000番台が連結された。

　100番台と同様に電動発電装置、電動空気圧縮機は装備されなかったが、これはクロハ481形1000番台に、5両に給電可能な210kVA電動発電装置が搭載されていたためである。

481・
483・
485系

モハ485-1056　1986(昭和61)年10月5日　青森運転所

モハ484-1073　1986(昭和61)年10月7日　秋田運転区

モハ485形 1000番台

　耐寒・耐雪強化仕様である485系1000番台の電動車(M車)として、1976(昭和51)年2月から1979(昭和54)年6月にかけて88両が製造された。この増備を最後に、485系は製造終了となった。耐寒・耐雪仕様が強化され、床下機器類の集約化と、ヒーター併設による凍結・浸雪防止対策を図るため密閉構造とし、台車も耐雪構造、応荷重・踏面清掃装置付きのDT32E形に変更された。車両は、まず奥羽線の特急「つばさ」用として秋田運転区に配属されたほか、青森運転所にも投入、「はつかり」などを中心に東北地方で活躍。大半の車両はJR東日本に承継となったが、1985(昭和60)年3月改正にて向日町運転所に移った車両はJR西日本に承継された。

モハ484形 1000番台

　モハ485形1000番台とユニットを組んだ電動車(M'車)。モハ484形200番台などで、モハ485形とずれてしまった番号は、この1000番台で再び揃った。
　モハ484形600番台に準拠してデッキと客室の間に車掌室・業務用室を設けたため、モハ485形の定員72名に対し、こちらは64名。台車は乗り心地を改善したDT32E形を使用している。座席は簡易リクライニングシートを装備していたが、背ずりが固定されず煩わしいと不評だった。1978(昭和53)年8月に増備となったモハ484-1027からロック機構付きとなり、より快適になった。なおこのロック機構は、モハ485形は同車号から、先頭車はクハ481-1013から採用されている。

モハ485-1506　1986（昭和61）年12月29日　宮原電車区

モハ484-1506　1986（昭和61）年12月29日　宮原電車区

モハ485形1500番台

　北海道仕様車として1974（昭和49）年5～6月に7両が製造された電動車（M車）。クハ481形1500番台を先頭に6両編成が組まれ、札幌～旭川間の特急「いしかり」として1975（昭和50）年7月にデビューした。制御装置はCS15F形でモハ485-97以降と同じだが、主抵抗器の冷却機構に雪や水の侵入を防ぐ対策を徹底したほか、台車はブレーキ増圧装置が付き、耐雪形のDT32G形となるなど北海道の厳しい自然環境に対応した。

　同グループは、移動も全車まとめて行われており、1980（昭和55）年には青森運転所、1985（昭和60）年に向日町運転所、そして1986（昭和61）年に新潟の上沼垂運転区に揃って移動、JR東日本に承継された。

モハ484形1500番台

　モハ485形1500番台とユニットを組んだ電動車（M'車）である。車内は、奇数寄りに和式トイレ・洗面所・デッキと客室をはさんで車掌室・業務用室を設け、定員は64名。座席は簡易リクライニングシート、台車は耐雪構造のDT32G形である。なお台車は、青森運転所に移動となった1980（昭和55）年に本州向け仕様のDT32E形に変更された。先頭車であるクハ481形1500番台も、青森時代の1982（昭和57）年に本州向けの付随台車TR69H形に変わっている。北海道時代は札幌運転区に配属され、特急「いしかり」として6両編成3本を組成。1ユニットは予備車的な存在だった。「いしかり」は国鉄初のグリーン車を連結しない特急で、モハ484形に車掌室が設置された。

クハ489-505　1986（昭和61）年5月10日　尾久客車区東大宮派出所

489系
碓氷峠を越えた万能特急形電車

1972（昭和47）年3月改正で誕生した上野〜金沢間の特急「白山」用にデビューした車両。485系をベースに、信越線横川〜軽井沢間にある最大勾配66.7‰の碓氷峠を越えるため、専用のEF63形電気機関車と協調運転できるように開発された。

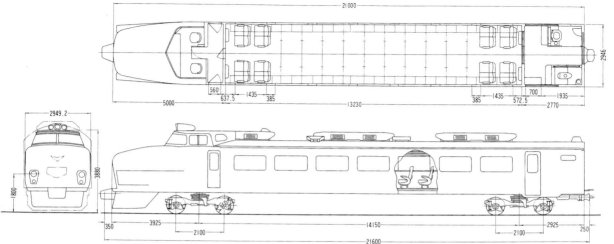

489系

クハ489形500番台

　クハ481形100番台に準拠した、ボンネット型の制御車。1969(昭和44)年、上野〜金沢間の特急「はくたか」が電車化されたが、国鉄最急勾配区間である横川〜軽井沢間がネックとなり、上越線経由に変更された。国鉄は、上野〜長野間の特急「あさま」の増発と、長野〜金沢間の急行新設を計画したが、車両の製造コストがかさむため見送られた。そこで横軽間でEF63形と協調運転が可能な交直流特急形電車を計画、489系が登場した。

　クハ489形500番台は上野方の偶数向き先頭車で、EF63形電気機関車を連結するため自動連結器のカバーが省略され、解放テコ、エアホース、KE70形ジャンパ連結器を設けていた。クハ481形100番台と同様、ボンネット内にC3000電動空気圧縮機を設置、床下には210kVA電動発電装置を装備している。

　1971(昭和46)年7月から翌年7月にかけて5両が製造され、当初は向日町運転所に配属されて大阪〜金沢間の「雷鳥」と共通運用となっていた。しかし485系、489系の増備が進んだため、1973(昭和48)年に金沢運転所へ転属となり、「白山」のほか、大阪・金沢〜新潟間の「北越」、上野〜長野間の「あさま」、大阪〜金沢間の「雷鳥」などで活躍した。

クハ489-702　1986（昭和61）年6月12日　軽井沢駅

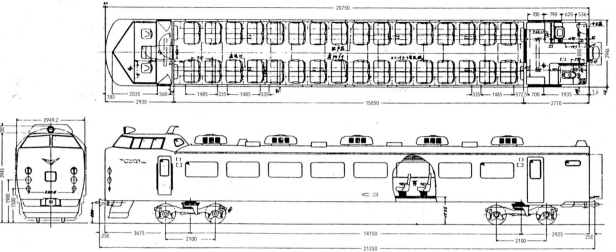

489系

クハ489形 700番台

クハ481形300番台に準拠した横軽間対応の制御車（Tc車）で、先頭部は非貫通型。1974（昭和49）年3〜7月に4両が製造され、座席は簡易リクライニングシート、また汚物処理装置も新製時から搭載していた。

ボンネット型の500番台、貫通型の600番台と同様、上野方の先頭車両で、横川〜軽井沢間ではEF63形電気機関車と連結された。電動空気圧縮機は、600番台から床下装備となったが、容量がC3000（3000ℓ）からC2000（2000ℓ）に減少したため、2基搭載されたことが特徴だ。

碓氷峠を越える横川〜軽井沢間では、電車は脱線防止のため空気ばねのエアーを抜いて走行した。同区間の通過を終えて軽井沢駅あるいは横川駅に到着すると、3分ほどの停車時間中に一気にエアーを送り込み、空気ばねの機能を復帰させた。また、万が一エアーが不足した場合も、すぐに対応できるようにした。このため、大量のエアーを供給する機能が必要だったのである。

また連結器も600番台からは電車用の密着連結器へ変更された。EF63形は、自動連結器と密着連結器の双方に対応した双頭連結器を搭載していたため、可能になった。

クハ489-5 1986(昭和61)年5月10日 尾久客車区東大宮派出所

クハ489形 0番台

　クハ489形500番台と同様、横軽での協調運転に対応したボンネット型の制御車で、長野・金沢方の先頭車として使われた。5両が製造され、定員は56名、台車はTR69A形。ボンネット内にC3000電動空気圧縮機を、床下に210kVA電動発電装置を装備しており、冷房装置は屋根上にAU12形を5基搭載していた。普段EF63形電気機関車とは連結されない長野方の先頭車のため、自動連結器部分にはカバーが装着されている。クハ481形100番台との区別もつかなかった。なお、クハ481-1・2はタイフォンを前面下部のスカート部に搭載していたのに対し、同3以降はボンネット部に搭載していた。

　489系は、ほぼ編成ごとに管理され、クハ489-1の反対側の先頭車はクハ489-501、冷房装置もAU12形に揃っており、編成美を保持して走り続けたことも特徴と言えよう。

クハ489-204 1986(昭和61)年12月18日 金沢運転所

クハ489-302 1986(昭和61)年6月12日 軽井沢駅

クハ489形 200番台

　1972(昭和47)年10月から翌年3月にかけて5両が製造された制御車(Tc車)で、奇数向きである長野・金沢方に連結された。クハ481形200番台をベースにしており、先頭部はボンネット型から貫通型スタイルへ、冷房装置はAU13E形に変更された。定員も56名から64名に増えている。
　ペアとなる偶数向き先頭車はクハ481形600番台で、電動空気圧縮機はC2000を床下に2基搭載した(クハ489形700番台参照)。クハ489-201～203の3両は、1986(昭和61)年11月改正で金沢運転所から長野第一運転区に転属、「あさま」のほか、上野～中軽井沢間の特急「そよかぜ」が中心の運用に変わった。写真のクハ489-204は、金沢に残りJR西日本所属となった。

クハ489形 300番台

　1974(昭和49)年3～7月に4両製造された制御車。同時期に造られたクハ481形300番台に準拠し、非貫通型スタイルに変わった。座席は簡易リクライニングシートが採用されている。奇数向き(長野方)の先頭車で、ペアを組む偶数向き先頭車は700番台。0番台・200番台を含め、EF63形電気機関車との協調運転を可能とするKE70形ジャンパ栓を装備している。
　489系は、碓氷峠のある横川～軽井沢間を電気機関車との協調運転で通過するという特異な存在のため、485系と比べると、製造両数は圧倒的に少ない。しかし、ボンネット、貫通、非貫通と485系を代表する3つの顔が揃っており、この時期に特急電車のスタイルがいかに変動したかが伝わってくる。

489系

モハ489-1 1986(昭和61)年6月12日 軽井沢駅

モハ489形 0番台

　1971(昭和46)年7月から1974(昭和49)年7月にかけて42両が製造された、電動車(M車)。基本的な仕様は、モハ485形0番台に準じている。1972(昭和47)年10月に落成したモハ489-16から、冷房装置をAU12形からAU13E形に変更し、屋根上の印象が大きく変わった。1974(昭和49)年3月に落成したモハ489-31からは、座席が簡易リクライニングシートとなっている。制御装置は485系のCF15F形に対して、CS15G形を装備。同じ協調運転仕様の169系が搭載したCS15D形と比べて、メンテナンスフリー化が図られた。また主抵抗器も、急勾配を通過する車両らしく勾配抑速ブレーキ使用時の容量アップに対応し、MR52B形からMR52E形に変更された。国鉄末期の1986(昭和61)年11月に9両が長野第一運転区に移ったが、全車信越線のエースとしてJR発足を迎えた。

モハ488-1 1986(昭和61)年6月12日 軽井沢駅

モハ488形0番台

　モハ489形とユニットを組んだ中間電動車(M'車)。1972(昭和47)年2月に落成したモハ488-15までが0番台で、ベースとなったモハ484形0番台と同様、冷房装置はAU12形を3基、床置式のAU41形を3基搭載し、デッキと客室との間などに機器室を設けて、定員も同じ64名であった。

　主変圧器は485系と同じTM14形を搭載していたが、PCB油の公害が問題になったことから、TM20形へ変更した。パンタグラフはPH16H形を2基装備しており、直流電化区間では2基、交流電化区間では1基使用が基本であった。

　489系は、1985(昭和60)年3月改正までモハ488形とモハ489形の電動車を3ユニット6両連結、クハ489形とサロ489形が各2両、サハ489形とサシ489形が各1両と、6M6Tの12両編成で運行していた。国鉄末期まで、古き良き特急列車らしい堂々とした編成だった。

モハ489-16　1986（昭和61）年5月9日　尾久客車区東大宮派出所

モハ488-202　1986（昭和61）年5月10日　尾久客車区東大宮派出所

モハ489形16〜

　1972（昭和47）年10月に登場した電動車（M車）で、この車両から冷房装置が小型のAU13E形に変更された。P284のモハ489-1と比較してみよう。同年11月に落成のモハ489-22までは、落成と同時に京都の向日町運転所に配置されたが、1973（昭和43）年3月以降に竣工したモハ489-23からは金沢運転所に配置と変わり、向日町運転所に配置の車両も、同年に金沢運転所に移動している。

　1974（昭和49）年3月に登場したモハ489-31からは、汚物処理装置を新製時から装備した。既存車両への取付工事は1975（昭和50）年から1977（昭和52）年にかけて実施している。写真のモハ489-16も新製時には「垂れ流し」だった。

モハ488形200番台

　モハ485形200番台と同様に、冷房装置を集中式のAU71A形に変更した電動車（M'車）で、全27両が生産された。車内の機器室もなくなったため、定員はモハ489形と同じ72名に増え、慢性的に混雑していた「白山」の輸送力向上に貢献した。

　1974（昭和49）年3月に製造されたモハ488-216から、座席がベンチシートから簡易リクライニングシートに変更、トイレに汚物処理装置も装備された。大半が廃車まで金沢に配置されていたが、後期タイプの車両9両は、1986（昭和61）年11月改正で長野第一運転区に移動している。写真のモハ488-202は金沢に残った1両で、2002（平成14）年3月13日に廃車された。

サハ489-12 1986(昭和61)年2月24日 向日町運転所

サハ489形0番台

　1972(昭和47)年2月から1974(昭和49)年7月にかけて12両が製造された付随車(T車)。1973(昭和48)年3月に落成したサハ489-5から冷房装置をAU13E形に変更し、付随車にもかかわらず電動空気圧縮機を搭載した。これは、横川〜軽井沢間通過時に抜いた空気ばねのエアーを迅速に再供給するためだ(P281参照)。当初未搭載だったサハ481-1〜4も、1973年に空気圧縮機を搭載して200番台となった。また、1972年にはサハ481-1・2を489系に改造、サハ489-51・52となった。これらの車両も、改造翌年に空気圧縮機を搭載し、サハ489-251・252に変わった。搭載機器などによって、車号は細かく分類されたのである。

　国鉄末期には、列車の短編成化が進んだ結果、サハ489形は大部分が余剰となった。この結果、10両がクハ183形100番台や、クハ481形700番台などに改造されている。

サロ489-14 1986(昭和61)年5月10日 尾久客車区東大宮派出所

サロ489形 0番台

　1971(昭和46)年7月から1974(昭和49)年7月にかけて28両が製造されたグリーン車。座席はサロ481形と同じ回転式フルリクライニングシートで、シートピッチは当時の国鉄標準である1,160mm、定員は48名である。

　489系が投入された上野〜金沢間の特急「白山」は、碓氷峠を越える際、必ず横川駅に停車した。ホームでは名物駅弁の「峠の釜めし」が販売され、グリーン車の乗客も釜めしを買い求めに大勢ホームに降りた。発着時にホームに並んだ売り子が一斉にお辞儀をしたのも今は思い出だ。

　「雷鳥」「しらさぎ」用以外のグリーン車が1両になると、サロ489形0番台は余剰となり、サロ489-6・8がサロ481-134・135になったほかは、近郊用に転用。17両がサロ110形350番台と同1350番台に改造されて、首都圏の東海道・横須賀・総武快速線に活躍の場を移した。

サロ489-1009　1986(昭和61)年6月12日　軽井沢駅

サロ489形1000番台

　1978(昭和53)年10月改正で、特急「白山」はサハ489形とサシ489形を抜いた10両編成となったが、これによって生じる電動発電装置と電動空気圧縮機の容量不足を補うため、床下に機器を搭載したグループ。10両が製造された。定員は0番台と同じ48名だが、奇数寄りに車内販売準備室、デッキと客室の間に車掌室と業務用室を設置、偶数寄りに和式トイレと洗面所を設けた。

　1985(昭和60)年3月改正で「白山」が9両編成化された際には、この車両に三相切換装置を新たに設置した。金沢運転所に配置され、JR西日本に承継されたが、1両を除きすべて先頭車改造を受けた。なかでも写真のサロ489-1009を含む5両は1989(平成元)年から1991年にかけて、「スーパー雷鳥」のパノラマ型先頭車であるクロ481形2000番台に改造されて、2011(平成23)年まで活躍した。

サシ489-4　1986（昭和61）年12月18日　金沢運転所

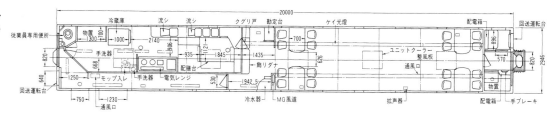

※形式図はサシ489-5〜12のもの。

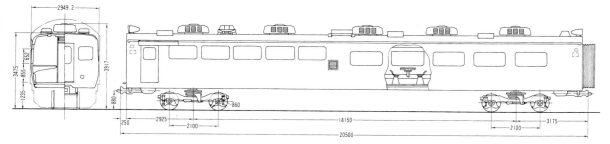

489系

サシ489形0番台

1971（昭和46）年7月から1974（昭和49）年7月にかけて12両製造された食堂車。車体構造はサシ481形と同じで、食堂の客席は40席。サシ489形には、新造車のほかに、1972（昭和47）年に、直流特急用のサシ181-102・103から改造されたサシ489-101〜102もあり、総勢14両が在籍した。100番台は、上野〜新潟間の特急「とき」の食堂車として活躍してきた車両で、0番台よりも車高が低かった。

1978（昭和53）年、特急「白山」系統から食堂車が廃止され、余剰となったサシ489-10〜12の3両は、サシ481-81〜83に改造されて、上野〜秋田間の特急「つばさ」に充当された。ところが、「白山」の食堂車は1982（昭和57）年11月改正で突如復活。サシ481-83が呼び戻されて再改造、サシ489-83となった。

食堂車復活は話題になったが、2年半後の1985（昭和60）年3月改正で再度廃止。9両が廃車となったが、残った車両はJR西日本、JR東日本に承継され、廃車後に車籍を復活したサシ489-7と共に、3両が「トワイライトエクスプレス」や「北斗星」の食堂車に転身した。

写真のサシ489-4も、スシ24-2に生まれ変わって「トワイライトエクスプレス」のダイナープレヤデスとして活躍した。

クモヤ440-1 1986(昭和61)年1月31日 大分電車区

交直流事業用車・試験車

クモヤ440形

　先頭または最後尾に制御車が連結されていない電車を回送する際や、構内での入換時に動力車となる交直流の牽引車。モハ72形から改造されて、1970(昭和45)年4月から5月にかけてクモヤ440-1・2の2両が登場した。

　直流用の機器や台車などは種車から流用された一方、車体は新製され、50・60Hz両用の主変圧器、主整流器といった交流用の機器も新調されて車内に搭載されている。交流区間での自力走行は入換のみ可能で、13両の電車を牽引する能力を持つ。本線では動力を使用しない制御車としてでないと走行できない。

　写真のクモヤ440-1はモハ72278から改造された車両だ。大分運転所で国鉄の分割民営化を迎え、1990(平成2)年3月に廃車となった。

クモヤ441-5 1986(昭和61)年6月9日 勝田電車区

クモヤ441形

　交流で電化された本線で無動力の車両を牽引したり、交直流電車の先頭に連結できる交直流用牽引車として、1976(昭和51)年12月に登場した。モハ72形の機器や台車を流用し、新調された車体の前面はクハ103形1000番台に似ている。主変圧器や主整流器など新たに搭載された交流用の機器は、付随車1両を牽引して95km/hで走行可能な能力を持つ。電動発電装置や電動空気圧縮機は、連結した交直流電車の冷房装置などの機能試験を行うため、大容量のものが必要となり、同時期に廃車となった181系特急形直流電車から転用されている。さらに、入換の便を図るため、自動連結器と密着連結器の双方を持つ双頭連結器が装着された。

　写真のクモヤ441-5はモハ72857から1977(昭和52)年9月に改造されている。勝田電車区一筋で過ごし、2003(平成15)年5月に廃車された。

クモヤ443-1 1986(昭和61)年9月11日 勝田電車区

クモヤ443形

　交流・直流電化区間の電車線の状態を走行しながら検査・測定できる電気検測車の制御電動車。主制御器や主抵抗器を搭載し、クモヤ442形とユニットを組む。1975(昭和50)年6月から7月にかけてクモヤ443-1・2が製造された。485系300番台を基本とし、前面も愛称表示器や運転室上の前照灯が取り付けられていないという点以外は、クハ481形300番台と同じだ。ただし、測定用の機器が多いため、全長は21,570㎜とクハ481形300番台の21,250㎜より320㎜長い。屋根にはパンタグラフと接触して電気を供給するトロリ線を測定するためのPS96形パンタグラフを2基搭載し、観測用のドームも設けられている。

　写真のクモヤ443-1は1975年6月24日の新製。勝田電車区に配置されて国鉄分割民営化後も活躍を続け、2003(平成15)年8月に廃車された。

クモヤ442-1 1986(昭和61)年9月11日 勝田電車区

クモヤ442形

　クモヤ443形とユニットを組み、軌道回路やATS、踏切制御子、列車無線装置といった信号保安装置の検査・測定を担当する電気検測車の制御電動車だ。交流・直流すべての電化区間を走行できるよう、主変圧器はモハ484形に準じたものとなり、主整流器は新設計のRS45形を搭載している。

　前面はクハ481形300番台に似ており、機器を多数搭載しているため全長が21,570mmと長い点は、クモヤ443形と同じだ。後位には走行用としてPS16H形パンタグラフを1基搭載。トンネル断面が小さい路線など、どのような線区にも乗り入れられるように、取付部分の屋根は低くなっている。写真のクモヤ442-1はクモヤ443-1と同じ経歴をたどった。もう1組製造されたクモヤ443-2・クモヤ442-2は向日町運転所に配置され、2017年現在も健在だ。

クモヤ495-1 1986(昭和61)年12月20日 金沢運転所

クモヤ495形

　1967(昭和42)年1月、日立製作所で1両のみ製造された電気検測車。クモヤ494形と2両編成で、架線状態を走行しながら測定する機能を有していた。

　前面に曲面ガラスと3枚窓を採用したユニークな顔が特徴で、まず勝田電車区に配属、1971(昭和46)年に向日町運転所、1975(昭和50)年に金沢運転所に転属となっている。

　走行性能は、交直流特急形電車485系をベースとしており、台車は160km/h運転が可能なDT37Xを履き、50Hz・60Hzの両周波数に対応していた。クモヤ495形には観測用ドームが設置され、測定用のパンタグラフを搭載していた。JR発足と同時にJR東海に承継されたが、同社には交流電化区間がなかったため、1987(昭和62)年3月に交流機器を撤去。直流用のクモヤ193-51に改造されて、大垣電車区に転属した。1998(平成10)年、キヤ95系に譲って引退した。

クモヤ494-1 1986(昭和61)年12月20日 金沢運転所

クモヤ494形

　クモヤ495形とユニットを組んだ電気検測車。非貫通型の先頭車形状はクモヤ495形と同スタイルだ。PS16B形パンタグラフを2基装備しており、集電用と検測用を切り換えて使用することができた。屋根は全体的に低く、狭小トンネルが存在する身延線などへの入線も可能だ。クモヤ495形と同様、観測用のドームも備えていた。また連結器は密着連結器、自動連結器に対応する双頭連結器を装備、機関車との連結にも対応できるなど、あらゆる電化区間に入線できた。

　写真のクモヤ494-1は、1987(昭和62)年3月に直流専用化工事を受けてクモヤ192-51となった。改造時はクモヤ192-1と同じ青色にはならずに、1988(昭和63)年まではピンク系の塗色のまま走行した。

　東海道・山陽新幹線用のドクターイエローなどと異なり、最後まで地味な存在だったが、黙々と鉄道の安全を守り続けた車両だ。

クハネ581-29 1986（昭和61）年2月24日 向日町運転所

581・583系
高度成長期を象徴した世界初の寝台電車

車両の運用効率を上げ、車両基地の空きを生み出す目的で開発された、寝台・座席両用の交直流特急形電車。昼夜を問わず走り続け、日本の高度成長期を支えた。60Hz専用の581系と50・60Hz両用の583系がある。

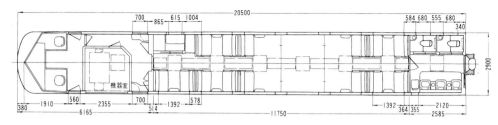
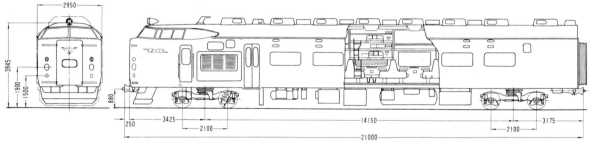

クハネ581形

　581・583系には、クハネ581・583形、モハネ581・580・583・582形、サロネ581形、サロ581形、サハネ581形、サシ581形の10形式がある。B寝台車を意味する「ハネ」を称しているが、該当する各形式は日中には座席列車として運転可能だ。

　クハネ581形は、581系が1967(昭和42)年10月1日に営業を開始した制御車(Tnc車)。クハネ581-1～41の41両が製造された。前面は貫通路付きで、運転台を高い位置に設け、特急列車らしさを備えた秀逸なデザインを持つ。JR化後もJR西日本の681系など、多数の車両に影響を与えた。

　車内の静粛性を保つため、電動発電装置、電動空気圧縮機は床下ではなく運転室と客室との間の機器室に収められている。両機器はクハネ581-1～37では枕木方向に並べられたが、荷重が偏っているとして同38～41ではレール方向に変更された。さまざまな制約から座席定員は44名にとどまり、クハ481形0番台の56名と比べると12名少ない。

　写真のクハネ581-29は近郊形電車への改造を免れた10両のうちの1両。1968(昭和43)年8月26日製で、JR西日本に承継された後、2013(平成25)年5月に廃車となった。

クハネ583-5 1986(昭和61)年5月9日 尾久客車区東大宮派出所

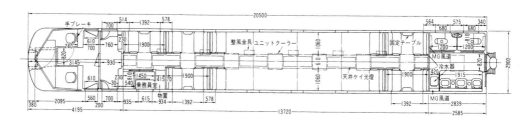
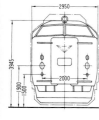
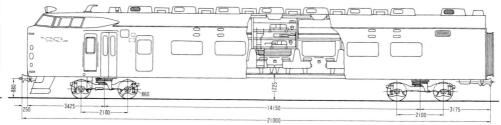

クハネ583形

　581・583系は1967（昭和42）年9月から1972（昭和47）年2月まで計434両が製造された。うち225両は1968（昭和43）年10月1日の白紙ダイヤ改正までに登場し、山陽・九州系統、東北系統の特急列車として昼夜を問わず活躍を始めた。当時、両系統の特急列車は混雑が目立ち、1972年度中にはどちらも最大15両編成が必要になると考えられた。しかし、電動発電装置の給電能力がクハネ581形の容量150kVでは不足するため、210kVAのものを搭載したクハネ583形が1970（昭和45）年6月に登場した。

　この車両では、電動発電装置は床下に、電動空気圧縮機は運転室の助士席下にそれぞれ移設され、機器室は姿を消した。寝台・座席はクハネ581形より2区画増え、定員は寝台が6名多い39名、座席が8名多い52名だ。

　前面はクハネ581形と同じ。端部から380mm奥の位置に装着された貫通幌は伸ばしたときの奥行が1,260mm以上と長い。連結相手の車両に貫通幌があってもなくても連結可能という構造は見落とせない。貫通幌は、原則として東日本では奇数向き、西日本では偶数向きの車両に取り付けるという国鉄時代の慣習に影響を受けないからだ。

モハネ583-16 1986(昭和61)年5月10日 尾久客車区東大宮派出所

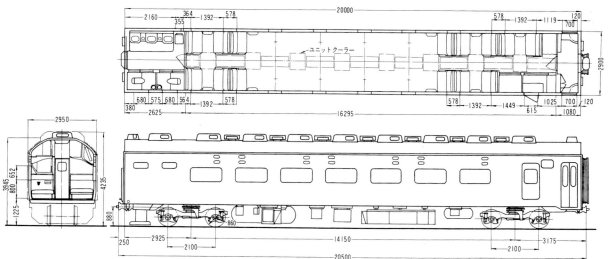

モハネ583形

　主制御装置、主抵抗器を搭載する電動車のMn車で、60Hz区間用のモハネ581形の50・60Hz両用版。モハネ582形とともに106両が製造された。なお581系の電動車であるモハネ581・580形は、国鉄分割民営化前の1984（昭和59）年までに全車廃車となっている。

　581・583系最大の特徴は、B寝台車が寝台・座席両用であることだ。中央に幅610mmの通路をもち、両側に幅1,060mm、長さ1,970mmの区画が設けられた。ここに2人掛けシートが1,970mmの間隔で向かい合わせに固定されている。座席番号は区画ごとに割り振られ、区画番号に続いて記号は海側、山側ともA・Dが窓側、B・Cが通路側であった。特急用座席が4人掛けというのは異例だったが、急行用のボックスシートとは比べものにならないほど広く、座り心地も良かった。

　向かい合わせのクロスシートは、座面を引き出し、背ずりを倒すと幅1,000mm、長さ1,900mm、高さ760mmの下段寝台となった。中・上段寝台は車体側面上部に収納されており、荷棚を手前に引き出し、中段を手前に倒した後、荷棚を戻して上段も同様にセットする。寝台の寸法は中段、上段とも長さ1,900mm、幅700mm、高さ680mmである。

モハネ582-31　1986（昭和61）年5月10日　尾久客車区東大宮派出所

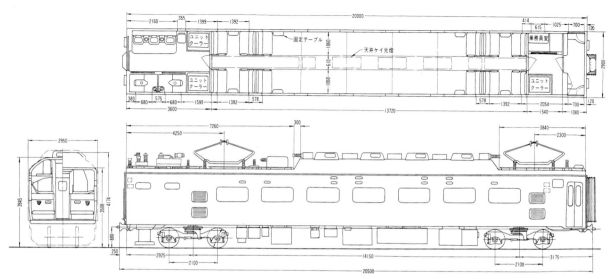

モハネ582形

　主変圧器、主整流器を搭載するM'n車でパンタグラフを2基搭載する。パンタグラフの下は天井が低く、上段寝台を設置できない。定員の減少を抑えるために1基のみの搭載が検討されたが、トンネル内でのトロリ線の張力が弱いために離線が多く、東海道本線大津～京都間の東山トンネルでは激しい火花の発生が確認されたために見送られた。

　パンタグラフの搭載に伴って屋根上のスペースが削られており、分散式のAU15形冷房装置は4基しか搭載できなかった。そこで、床置式のAU41形が3カ所に設置されている。この結果、寝台・座席区画は14区画と、同じ中間車のモハネ583形、サハネ581形よりも1区画減ったうえ、下段・中段寝台だけの区画が前位に4区画、後位に2区画と6区画生じ

た。定員は寝台が36名、座席が56名と、モハネ583形、サハネ581形の寝台45名、座席60名と比べると少ない。ただし、パンタグラフ下の中段寝台は高さが1,003mmと余裕があり、なかなかの人気ぶりであった。

　写真のモハネ582-31は1968(昭和43)年9月の新製。国鉄、JR東日本で一貫して東北系統一筋で活躍し、1995(平成7)年8月に廃車となっている。

サロ581-3 1986(昭和61)年5月9日 尾久客車区東大宮派出所

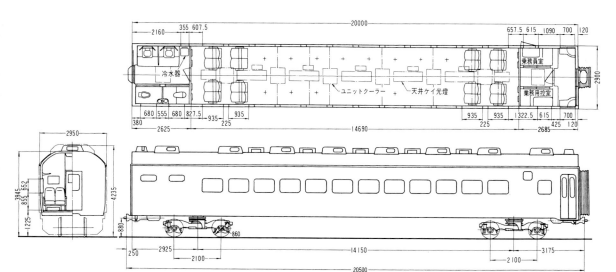

サロ581形0番台

　581・583系に関して、国鉄には未完で終わった夢がある。基本編成と付属編成を連結しての分割・併合列車の運転、最大で15両編成の列車の運転、一等車の連結だ。

　一等車とは現在のグリーン車のこと。実際には1968（昭和43）年8月から583系の一員としてサロ581形が登場し、35両が製造された

ので、夢は叶えられたとの意見もある。しかし、国鉄が目指していた一等車とは、今日のA寝台である一等寝台B室と一等座席車とを両用可能な車両だ。設計はされたがテストの時間がなく、1968年10月1日のダイヤ改正には間に合わないとして、座席のみで使用する車両として製造したという。

　座席専用であるため、サロ581形には他の形式のような無理な設計箇所が少ない。寝台

車ではトイレや洗面所を3カ所ずつ設置した一方、サロ581形では2カ所ずつとしたため、寝台車のように多すぎて保守が面倒という問題は起きなかった。

　写真のサロ581-3は1968年9月6日の新製で、他の14両とともにJR東日本に引き継がれた。JR西日本に承継された5両のうち3両はサロンが設けられて581・583系唯一の新区分番台の100番台となった

サハネ581-18 1986（昭和61）年5月9日 尾久客車区東大宮派出所

サハネ581形

　581・583系の付随車で、モハネ581・583形と車体や客室のつくりは同じ。定員も寝台45名、座席60名と581・583系中最大だ。もっとも、485系のサハ481形の定員は72名なので、特急用座席車としては少ない。

　1967（昭和42）年10月のデビュー時、581系の12両編成には3両のサハ581形が組み込まれたように、付随車の割合は高かった。最終的には57両が製造されている。しかし、近郊形への改造や廃車により、国鉄の分割民営化時に生き残っていたのはサハネ581-14〜20・36・46・52・53・57の12両だけである。

　写真のサハネ581-18は国鉄の分割民営化直前に札幌運転所に転属し、JR北海道に承継された。しかし営業に就くことはなく、1990（平成2）年6月に廃車となっている。最後まで残ったサハネ581-46も2003（平成15）年に廃車された。

サロネ581-4 1986(昭和61)年2月24日 向日町運転所

サロネ581形

　581・583系が1985(昭和60)年3月14日のダイヤ改正から夜行急行「きたぐに」(大阪〜新潟間)に投入された際に登場したA寝台車で、開放型A寝台としては最後に登場した形式として記録される。サハネ581形から6両が改造され、サハネ581-25がサロネ581-1に、サハネ581-48〜50がサロネ581-2〜4に、サハネ581-55・56がサロネ581-5・6に、それぞれ生まれ変わった。

　改造に当たり、サハネ581形の中・上段寝台を撤去。代わりに長さ1,900mm、幅900mmの上段寝台が取り付けられている。寝台の高さは下段で1,200mm、上段で1,000mmだ。寝台区画間の仕切はサハネ581形時代は折りたたみ可能であったが、寝台専用となったため固定され、上段寝台へのはしごも外せない。後位寄りの1区画は喫煙室であったが、のちに全室禁煙となってフリースペースへ変わった。

クハ711-16 1985(昭和60)年11月6日 札幌運転区

711系
北海道を初めて駆け抜けた「赤電車」

日本初の量産型交流専用電車として1968(昭和43)年に北海道でデビュー。北の大地に初めて走った「国電」だ。サイリスタ制御によるシンプルかつ高性能の電車で、厳しい自然環境のなか、2015(平成27)年まで走った。

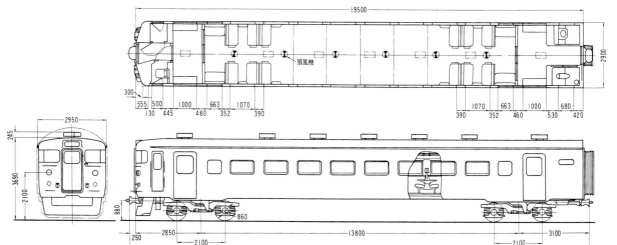

711系

クハ711形0番台

　711系は、1968（昭和43）年8月28日、北海道最初の電化区間となった小樽〜札幌〜滝川間にデビューした「国電」である。北海道向けに投入された客車や気動車と同様、駅停車中の客室の保温性を確保するため、近郊形でありながらデッキ付きの片側2扉だった。そのため、当時は急行にも充当されている。

　客用窓は二重窓で、床も保温性を高めるため木製としたことが特徴で、片引戸にはレールヒーターも備えていた。前面形状は交直流急行形電車の455系などに準拠した貫通型で、吹雪の時でも前方視界を確保するため、1973（昭和48）年以降貫通扉上に前照灯2灯を増設して4灯に改造されるなど、独特な「顔」となっている。

　座席は、4人掛けのボックスシートで、戸袋窓部のみが2人掛けロングシートだった。札幌の通勤圏が拡大したため、後年ロングシート部を拡大したり、JR北海道承継後には3扉に改造したりといった工事のほか、冷房装置取付工事も一部の車両に行われた。

　このクハ711形0番台は1968年7月から1969（昭和44）年9月にかけて36両が製造された。1969年10月改正にて、電化区間は旭川まで延伸となった。

モハ711-1 1985(昭和60)年11月6日 札幌運転区

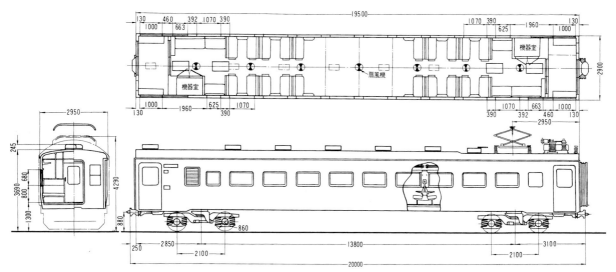

711系

モハ711形0番台

　クハ711形にはさまれて運転された電動車（M車）で、クハ711形にはトイレ、洗面所を設けたのに対して、こちらは客室のみの構造だ。しかし、外観からも識別できる雪切室（写真左側）を2位・3位側の2カ所に設置したため、ロングシート部が1位・4位側が広かった。雪切室とは、耐寒・耐雪機能をより強化するため、機器類へ雪の侵入を防止する観点から、外気を一度室内に導いて雪を落とした上で、床下の主電動機に送り込む設備だ。ほかの床下機器類もカバーなどで覆われた構造が特徴で、9両が製造された。

　1M2Tという、電動車の比率が低い経済的な編成を組めたのは、サイリスタ制御によるところが大きい。これにより制御が連続的になった結果、空転の心配が少なくなり、主電動機は485系などと同じMT54系のMT54A形でありながら、出力は120kWよりも高い150kWで利用できた。

　台車は、耐寒・耐雪を考慮してバネ部をゴムカバーで覆った空気バネを装備したDT38形を採用。付随車であるクハ711形はTR208形である。このほかモハ711形はTM13形主変圧器、RS35形主整流器、10kVA電動発電装置、C2000電動空気圧縮機も搭載していた。

モハ711-57 1985（昭和60）年11月6日 札幌運転区

モハ711形 50番台

　滝川〜小樽間の電化完成によって登場した0番台に対し、50番台は1969（昭和44）年10月の滝川〜旭川間電化完成と共に増備された車両で、10両が製造された。0番台との大きな違いは、高周波障害対策として、制御方式を主電動機1S4P永久接続変圧器側2分割サイリスタ位相制御から、主電動機2S2P永久接続変圧器側4分割連続位相接続となったことで、主変圧器はTM13A形に、主整流器はRS39B形に変わっている。連結するクハ711形に50番台の区分はなく、車内構造にも変更点はなかった。なお、0番台と共に1984（昭和59）年から翌年にかけて、車体を濃い赤に変更、1985（昭和60）年から翌年にかけては、ロングシート部を拡大した。

　札幌〜旭川間の急行「かむい」としても活躍してきたが、1986（昭和61）年11月改正で急行運用から引退。JR承継後は地域輸送と空港アクセス輸送を担当した。

クハ711-106 1985(昭和60)年11月6日 札幌運転区

モハ711-107 1985(昭和60)年11月6日 札幌運転区

クハ711形 100番台

　1980(昭和55)年、室蘭本線・千歳線室蘭〜白石〜札幌間電化と同時にデビューした車両で、20両が製造された。この増備車から、クハ711形は奇数向き車両と偶数向き車両に区別された。100番台は奇数向きで、トイレ設備がないことが特徴だ。連結側面のロングシートは5人掛けに変更。トイレ設備のある偶数向きは200番台で、18両が製造された。製造両数が異なるのは、後述の900番台が2両編成で、100番台をこの車両と連結することでオール3両化が図られたためだ。

　北海道の通勤輸送近代化に貢献した歴史的な電車だったが、2015(平成27)年3月に引退、2017年現在は岩見沢市栗山町にクハ711-103とクハ711-203が保存されている。

モハ711形 100番台

711系

　クハ711形100番台と共にデビューした電動車(M車)で、製造両数は17両である。クハ711形200番台よりも製造両数がさらに1両少ないのは、900番台に連結されていたモハ711-9を、この時増備された先頭車と編成を組ませたためである。

　電装品でのおもな変更は、主変圧器がシリコン油となったためTM13D形に、主整流器はRS39B形、主電動機もMT54E形となった点で、これらの機器は781系とほぼ同じだ。この100番台から電動式行先表示器が取り付けられたほか、レールヒーターは過熱防止の観点から自動温度調節付きとなっている。パンタグラフは0番台から変更なく、下枠交差式のPS102B形を装着。晩年はシングルアーム式に変わった。

クハ711-901 1986(昭和61)年9月30日 札幌運転区

クハ711形 901

　1967(昭和42)年2月、汽車会社にて製造され、後述のクモハ711-901と編成を組んだ711系の量産先行車である。後の量産車と異なり、下の窓を開けられない下段固定式・上段下降式の2枚窓が特徴的であった。

　デビュー当初は、雪の侵入を防ぐため4枚窓の両開き折戸を採用した乗降扉も印象的であったが、1968(昭和43)年7月の量産化改造の際に、戸袋窓のある通常の引戸へと改造されている。トイレは、0番台と同様、当初は汚物処理装置を装備していない「垂れ流し」だったが、1983(昭和58)年から1986(昭和61)年にかけて取付工事を実施している。このクハ711-901は偶数向きであったため対象となったが、0番台は偶数向きの車両のみ工事が実施され、奇数向き車両は工事を行わずトイレの使用を停止した。なお、200番台は新製時から汚物処理装置を装備していた。

クモハ711-901 1986(昭和61)年9月30日 札幌運転区

クモハ711形 901

　クハ711-901と編成を組んだ制御電動車。外観スタイルはほぼ同じだが、偶数方の3位・4位に雪切室を設け、主電動機の冷却用に電動送風機をここに配した強制冷却方式を採り入れた。床下機器類は関連機器が集約化されてユニット化を実施、さらに機器類の密閉化を図ることによって耐寒・耐雪仕様をより強固にしている。台車はコイル部をゴムカバーで覆ったDT38X形空気ばね方式で、付随車はレンジ制輪子を採用した踏面ブレーキ式の空気ばね台車、TR208Y形を履いていた。

　量産化改造時に、ドア部と共にパンタグラフをPS16G形から、量産車と同じ下枠交差式PS102B形に変更。100番台が登場すると、クハ711-119が奇数方(小樽方)先頭車に連結され、基本的に中間車としての使用に変わったため、先頭部に顔を出すことはほとんどなくなった。

クハ711-902　1986（昭和61）年9月30日　札幌運転区

クハ711形 902

　1967（昭和42）年2月、日立製作所にて量産先行試作車として製造された車両。客用窓は北海道ではおなじみの仕様で、量産車にも引き継がれた1枚窓上昇式の二重窓、乗降扉もレールヒーターを備えた引戸式と、量産車と同じスタイルである。通風装置は温風装置を採用、冬でも新鮮な外気を取り入れて、ヒーターで熱して温風を室内に送る方式とした。車内天井に設けられた吹き出し口は、特急形車両などの冷風吹き出し口に似た構造だった。屋根と室内天井が他の車両とは異なる独得な造形となったが、量産改造後もそのままの姿で走り続けた。この通風装置は同時期に落成したクモハ711-902では採用されず、量産車と同様の押込式通風器だった。

　当初は朱色を主体に前面下部のみクリームに塗り分けられていたが、国鉄末期に朱色＋クリームのラインに変更された。国鉄時代から「赤電車」の愛称で親しまれた。

711系

クモハ711-902 1986(昭和61)年9月30日 札幌運転区

クモハ711形902

　クハ711-902とともに登場した、制御電動車(Mc車)の先行試作車。711系は、日本初の量産型交流専用電車であるが、交流整流子電動機を使った完全な交流電車ではない。交直流電車と同様、交流電気を直流に変換して、直流用主電動機を動かしている。交流専用電車は昭和30年代に研究を重ねていたが実用化に至らず、交直流用電車の仕組みを流用した。

　クモハ711-902は、客用窓、乗降扉はクハ711-902と同スタイルの車両だ。クモハ711-901との違いは、雪の侵入を防ぐ雪切室に設置された主電動機冷却用の電動発電装置が静止型か回転式かという点と、床下機器全体をカバーで覆っていたこと。登場後は、1968(昭和43)年8月に量産車と仕様と合わせる改造工事、1977(昭和52)年10月に前照灯4灯化増強工事、1986(昭和61)年1月にはロングシートを増やす近郊化工事などを受けて、JR北海道に承継となった。

クモハ713-902　1986（昭和61）年1月25日　南福岡電車区

713系
量産化されなかった悲運の新型電車

交流電化が進んだ九州のローカル輸送を担う車両として1983（昭和58）年に開発・試作された交流用近郊形電車。様々な新機軸が盛り込まれたが、国鉄の財政難のため試作車だけで終わった。

クモハ713形 900番台

　713系の制御電動車（Mc車）。制御装置にサイリスタ位相制御界磁制御（4S1P永久直列）、主電動機に150kWのMT61形を装備、交流回生ブレーキを採用した最初の電車だ。4編成8両が試作され、車両ごとに異なるメーカーの電装品を搭載した。長崎地区に投入されてJR九州に承継、1996（平成8）年、宮崎空港線へ投入。赤塗装となって「サンシャイン」の愛称を得た。延命工事と機器の統一化が図られ、2017年現在は0番台として全車が現役。

クハ712-903 1986（昭和61）年1月25日 南福岡電車区

713系

クハ712形 900番台

　1M方式のクモハ713形の偶数向き先頭車として、1983（昭和58）年7月に4両が製造された。車体はステップ付き両開き片側2扉の交直流電車417系に準拠したセミクロスシート。冷房装置は集中式のAU710形。この電源はクモハ713形のTM22形主変圧器の3次巻線から単相440V電源を得る方式を採用、暖房用のほか、電動空気圧縮機にも供給されている。この方式は、423系や717系、さらにJR九州などの新型車両にも引き継がれた。ほかの車両の電源は、電動発電装置で作った三相交流電源である。

　ローカル輸送向け電車として過不足ない性能を備えた713系だったが、国鉄の財政状況は悪化の一途をたどり、九州地区の電車は余剰となった急行形電車や583系の改造でまかなうこととなり、713系は試作車8両のみで製造が打ち切られた。その8両すべてが、2017年現在も現役である。

クハ715-4 1986(昭和61)年1月25日 南福岡電車区

715系
赤字国鉄を象徴する異端の電車

寝台特急電車583系を種車とした、東北・九州地区向けの近郊形電車。破たん寸前の国鉄が、活躍の場を失った寝台特急用電車を最低限のコストで改造した、言わば赤字国鉄の象徴的存在だ。しかし不思議な魅力があった。

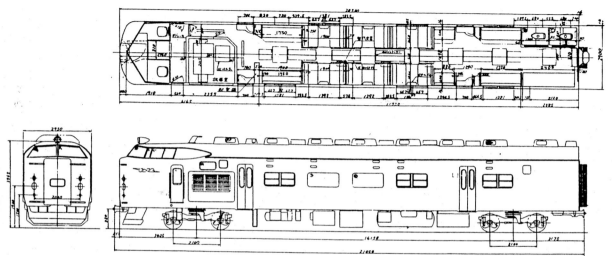

715系

クハ715形0番台

　715系は、特急形寝台車の581・583系を改造した車両である。0番台は1983（昭和58）年10月から翌年1月までに12編成48両が登場、長崎本線・佐世保線に投入された。

　国鉄末期、交流電化区間が増えていた九州地区では、ローカル輸送需要にきめ細かく対処できる近郊形電車が必要だった。しかし、国鉄は巨額の赤字を抱え、新型電車を生産する余力はない。そこで、活躍の場を失っていた581・583系に最低限の改造を加え、近郊電車化したのが715系だ。乗降扉は1つ増設して片側2カ所としたが、扉は折戸のまま、座席は出入口付近を除いて元の車両から流用したため、改造部からは「涙ぐましさ」が伝わった。車内は寝台時代の名残で圧迫感があり、扉が小さく乗降にも手間取ったが、一方で座席に座ると、特急時代のゆったり感が伝わる不思議な電車であった。

　クハ715形0番台は、クハネ581形からの改造のため先頭部は特急時代のままで、運転室とデッキとの間にあった、電動発電装置を収納した機器室も残された。

　写真はクハ715-4だが、クハ715-1は塗装のみ583系に戻されて、九州鉄道記念館で保存・公開されている。

323

クハ714-1 1986(昭和61)年1月27日 佐賀駅

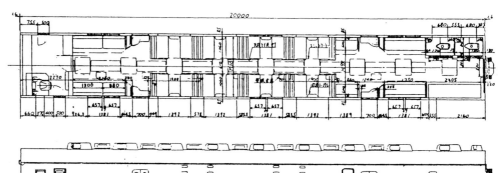

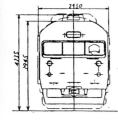
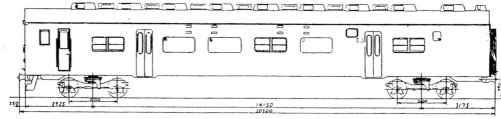

715系

クハ714形

　中間車のサハネ581形から改造された、偶数向きの先頭車である。4両編成の715系は、奇数寄り（博多方）に中間車改造のクハ715形100番台、偶数寄り（長崎方）に特急時代の顔を残したクハ715形0番台を連結していたが、クハネ581形が不足したため、2編成は偶数方も中間車改造のクハ714形が連結された。

　偶数寄りに新設された切妻形の運転台は、とにかく機能が使えればよいという無骨な造形だった。

　クハ715形0番台と同様、2カ所あったトイレはそのまま使用、洗面台を廃止して折戸式乗降扉を新設している。偶数寄りは非貫通式運転室から折戸までを新設し、客席部はそのままだったため、改造当初は上・中段寝台の位置にポツンと残った覗き小窓が印象的で あった。小窓は後年撤去された。

　客用窓のうち3カ所は二連式の上段下降・下段上昇式に変わったが、どうにも窮屈な印象はぬぐえず、一方で変更しなかった客用窓は二重構造のままであった。

　乗降扉を増設して2扉としたものの、扉幅は700mmであったため、高校生などが集中する登下校時を中心には、遅延が発生することも多かった。

モハ715-1 1986（昭和61）年10月18日 南福岡電車区

モハ715形0番台

　モハネ581形を種車に改造した車両で、偶数寄りはサハネ581形と同様にデッキと客室の仕切、業務用室の撤去を実施した。奇数寄りはトイレ、洗面所を撤去し、折戸の乗降扉を増設。ロングシートの座席を設置して、固定式窓も新設している。

　寝台部に8カ所あった窓は、一部は2連窓となったものの基本的に変更はない。座席は8区画が583系時代のボックスシートを流用しており、近郊用電車の座席としては破格の広さを誇っていた。頭上には折りたたまれた中・上段寝台が残されていたうえ、当初はモハネ581形時代にあった中・上段用の覗き小窓もそのままで、いかに「最低限」の簡略化された工事であったかが伝わってきた。なおこの小窓は、その後、工場にて実施の全般検査、要部検査入場の際に埋められ消滅している。改造により、定員は128名に変更、座席数は76席となっている。

モハ714-4　1986(昭和61)年1月25日　南福岡電車区

モハ714形0番台

　モハネ580形が種車である。改造に際して、偶数寄り(長崎方)のパンタグラフが撤去となったほか、3位側にあった業務用室や、トイレと洗面所が撤去された。しかし4位側と、2位側にあったAU41形冷房装置を収納した機器室には変更なし。増設された客用折戸との間には2人掛けの小さなロングシートがあり、これがこの車両の車内の特徴であった。

　改造時に、アスベスト対策として取替を進めていた主変圧器はTM20形に変更された。駆動装置の歯車比は、停車駅の多い普通電車用として運転するため、101系から発生品の15:84＝5.60に取り替えられ、台車は583系時代と同じDT32D形を流用・改造してDT32K形となった。ほかの主要機器は基本的に継続使用となっている。定員は、モハ715形より10名少ない118名となり、座席数は66席である。

クハ715-1012 1986(昭和61)年8月27日 仙台運転所

クハ715-1112 1986(昭和61)年8月27日 仙台運転所

クハ715形1000番台

　1984(昭和59)年2月ダイヤ改正で余剰となった583系を種車に、1985(昭和60)年3月改正にて仙台地区にデビューした715系1000番台グループの偶数向き(福島方)先頭車。15両が在籍し、1000番台全体では15編成60両が在籍した。
　種車は寝台特急「はくつる」「ゆうづる」などに使われたクハネ581形。九州の0番台と同様、かつての特急電車を示す「JNR」マークはそのまま残ったが、上・中段の覗き小窓はなく、側面の客用窓から屋根部にかけてはすっきりとしていた。車体カラーはクリーム色が濃かったほか、先頭部のライン処理が特徴的だった。そのほか寒冷地対策として、乗降扉に半自動回路を設けたほか、凍結防止用のドアヒーターも装備していた。

クハ715形1100番台

　100番台と同様、サハネ581形を種車に改造、1000番台グループの奇数向き(一ノ関方)先頭車となった車両である。仙台周辺を中心に東北本線の黒磯～一ノ関間のほか、奥羽線福島～庭坂間で使用された。
　定員110名、座席数66席といった仕様は1000番台と同じだ。乗降扉を新設した連結部側のロングシートが、モハ714形と異なり長いことも同じである。冷房装置は583系時代と同じAU15形を9個搭載、屋根だけを見ると583系との違いはわからなかった。全車がJR東日本へと承継、1998(平成10)年に廃車となっている。仙台地区は通勤圏の拡大がめざましく、ラッシュ時には狭い乗降扉に多くの人が群がる形になった。

モハ715-1014　1986(昭和61)年8月26日　福島駅　　　　　　モハ714-1014　1986(昭和61)年8月26日　福島駅

モハ715形 1000番台

　0番台が交流60Hz専用のモハネ581形からの改造車であったのに対して、50・60Hz両用のモハネ583形が種車であった。このため、車両の改造にあたった工場も、0番台は西日本エリアの九州の小倉工場と北陸の松任工場だけだったのに対し、1000番台は東北の郡山工場、土崎工場に九州の小倉工場でも施工されている。定員は128名、座席定員は76名で、0番台と同じ。ボックスシートが左右4つずつ、ほかはロングシートとなっている点も同様である。主要機器も基本的に転用されたが、交流専用となったため、交直切換器などの転換機器類は撤去となっている。また、寒冷地で使用するため、乗降扉が半自動化されるといった簡単な対策が施された。

モハ714形 1000番台

715系

　583系時代にモハネ583形とユニットを組んでいたモハネ582形からの改造車である。0番台と同様に、偶数寄りのパンタグラフは撤去、車内にあった床置き式冷房装置のAU41形を収納する機器室は残された。東北地方の気候を考慮して、扉の半自動化や風防板の取付といった耐寒・耐雪対策が取られている。
　583系時代、パンタグラフのそばにあった交直切換器が消えており、交直流電車から交流専用電車に改造されたことがよくわかる。こうした苦節を経た車両ではあったが、地方都市への新性能電車の投入は、JR発足後の「鉄道復権」の一翼を担った。各地で電車のニーズが益々高まり「電車時代」となった今日、そのバトンをつないだ車両として歴史に名とどめた。

クモハ717-2 1986（昭和61）年8月27日 仙台運転所

717系
少ない予算で輸送近代化を実現

交直流用急行形電車を改造した、交流専用の普通列車用電車。新型車両だった713系の量産中止を受け、車体部分は新製、機器類は流用という形で、予算を切り詰めつつサービスの向上と地域密着型の運行ダイヤを実現した。

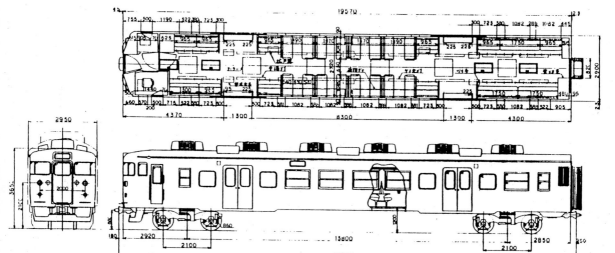

717系

クモハ717形0番台

　1985(昭和60)年3月改正で、上野〜仙台間(東北本線経由)の急行「まつしま」や、上野〜水戸・平・仙台間(常磐線経由)の急行「ときわ」などが廃止されたため、交直流用急行形電車は旧態依然とした客車列車が残っていたローカル輸送用に転身、速度と運行本数を増やして地域密着型の輸送に当たることになった。しかし、デッキ付きのオールクロスシート車を通勤・通学輸送に投入すると、混雑時にデッキ付近に人が滞り定時運行に問題が生じる。また、急行時代は最大12両編成で運行されてきた車両を、2〜3両編成に短縮することも求められた。このため、急行用の455・457・475系については、デッキ付近の仕切戸を撤去、ロングシート化する近郊化改造が行われた。

　一方、老朽化が進んでいた451・453系は、413系と同様の車体更新を行うこととなった。電装品や台車などの機器類は、交流専用に改造して流用し、片側2扉のセミクロスシート車体を新たに製造して誕生したのが717系だ。クモハ717形0番台は、クモハ451形から改造された制御電動車で、クモハ453形から改造された100番台と共に仙台地区に投入された。

モハ716-2　1986(昭和61)年8月27日　仙台運転所

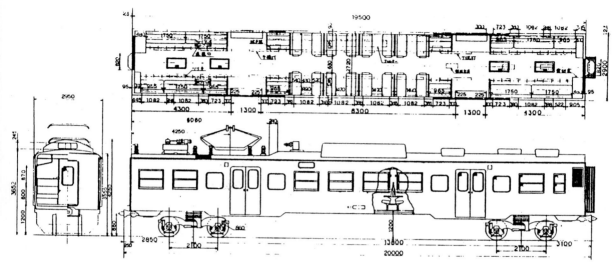

717系

モハ716形0番台

　モハ450形から改造された電動車（M'車）で、モハ452形から改造された100番台もある。0番台は、車体更新時に主電動機を出力100kWのMT46系から同120kWのMT54系に変更して100番台と機器の統一化を図り、両グループともアスベスト対策のために主変圧器をTM20形に変更している。

　パンタグラフの装備により屋根上のスペースが限られるため、冷房装置は集中式のAU72形を流用。一方、編成を組んだクモハ717形やクハ716形も、分散型のAU13E形を元の車両から転用したが、搭載個数は5個から6個に増設して冷房能力を高めている。

　また、寒冷地を走行するため、偶数側（白石・水戸寄り、3位・4位側）車端に雪を落とす雪切室を設けるなど、仙台地区にて1978（昭和53）年から活躍していた417系を踏まえた車体となっている。

　717系の投入によって、仙台地区の東北本線は電車化が完了、仙台～松島間では30分間隔で電車が運行され、利便性が向上した。

　在籍両数は、0番台が5両、100番台も5両（100番台のうち2両はJR発足後の改造）。717系全体では、最終的に10編成30両が改造された。

クモハ716-203　1987(昭和62)年3月25日　大分駅

クモハ716形 200番台

　国鉄末期の1986(昭和61)年11月、モハ474形を改造して、九州地区に登場した車両。クモハ475形から改造されたクモハ717形200番台とユニットを組んだ。仙台地区に投入された0番台が3両編成だったのに対し、こちらは2両編成が特徴であった。

　改造に際しては、完全新車である713系に準拠した車体に更新された。冷房装置は集中式のAU710形に変更、その電源は、床下に装備された主変圧器TM20形の3次巻線からの単相440Vである。一方、制御用の電源は、ユニットを組むクモハ717形200番台が、種車であるクモハ475形の装置をそのまま転用した。トイレ設備は、713系がクハ712形に設置したのに対して、717系200番台ではクモハ717形に設けている。このほか主にJR発足後に鹿児島へ配属されたクモハ716-204〜207は、国鉄時代に大分に配属されたクモハ716-201〜203と異なり、戸袋窓がなかった。

クハ716-2 1986(昭和61)年9月25日 仙台運転所

クハ716形 0番台

　クハ451形から改造され、仙台地区に投入された制御車。車体更新にて、乗降扉は両開き片側2扉、扉間は左右4組ずつのボックスシートをはさんで扉横にロングシート、車端側はともにロングシートと、クハ416形に準拠したボディとなった。一方、トイレは急行形時代と同じ白石・水戸方の4位側に設置したため、その位置は異なっていた。床下装備の110kVA電動発電装置はそのまま流用されたが、クモハ717形では電動発電装置は撤去された(2両編成の200番台を除く)。

　前面の貫通型構造が同じため見逃しやすいが、前照灯は急行形時代のデカライト(白熱灯)からシールドビームに変更された。主電動機を搭載しておらず、冷却用の外気を取り込む必要がなく、自ずと雪切室はなかった。

　717系は破たん状態にあった国鉄が、ローカル輸送の近代化のために工夫して作り出した、安価で快適な電車だった。

クモヤ740-2 1986(昭和61)年1月25日 南福岡電車区

交流事業用車

クモヤ740形 0番台

　旧型電車の電動車であったモハ72形を改造した、九州地区向けの交流事業用車。南福岡電車区の構内で、車両組み替え作業時に電車を牽引したほか、小倉工場に入場・出場する車両の伴走車として使用された。1969(昭和44)年に改造され、1970(昭和45)年まではクモヤ792形と称していた。

　電車区構内では単独運転が可能だったが、本線では動力を使わず、制御車として運行された。車両全体が低屋根構造で、客用窓にはモハ72形時代の3段窓が残り、中間車に新たに運転室を取り付けたスタイルが特徴だった。車内にはロングシートの一部が残り、国電時代の面影を感じることができた。

　写真のクモヤ740-2はJR化後も黙々と働き続け、2008(平成20)年に廃車された。

クモヤ740-52 1986(昭和61)年10月5日 青森運転所

クモヤ740形 50番台

　0番台と同様、モハ72形を改造して青森運転所での入換作業などに使われた車両。1970(昭和45)年竣工のクモヤ740-53以外は、登場当初はクモヤ792形と称した。0番台が、モハ72形時代の丸いグローブ形通風器をそのまま活用したのに対して、こちらは寒冷地仕様だったため、雪の吹き込みを防ぐ押込式通風器が使用されている。

　主電動機は旧型国電時代の142kW吊り掛け式MT40Cが転用されたが、脈流対策をして直列つなぎとしたため、低速運転しかできなかった。そのため、車庫内では単独運転が可能だったが、本線では高速運転ができず、動力を使っての自力走行は行わなかった。

　車内にTM18形主変圧器、RS37形主整流器を搭載している。1位・2位側に入換作業を考慮したデッキが設けられていた。

　写真のクモヤ740-52はJR東日本に承継され、2001(平成13)年まで働いた。

クモハ781-6 1986(昭和61)年9月30日 札幌運転区

781系
北海道の厳しい気候環境に最適化

485系1500番台の置き換えとして1980(昭和55)年、北海道に投入された国鉄初の特急形交流電車。48両が製造された。位相制御による無接点化を活かして冬季でも安定した運転が可能となり、発足当初のJR北海道の経営を支えた名車だ。

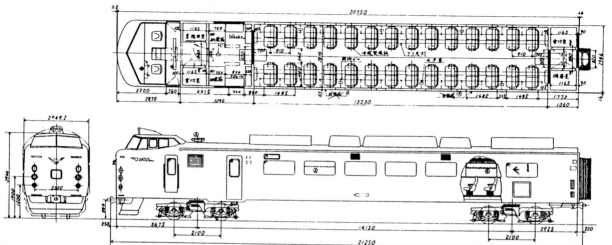

クモハ781形0番台

　781系は、雪や寒さによって冬季に運休が相次いだ485系1500番台による特急「いしかり」(札幌～旭川間)を救うため、1980(昭和55)年6～7月に量産された。クモハ781形、モハ781形、クハ780形、サハ780形の4形式から構成され、電動車1両と制御車または付随車1両とがユニットを組む。電動車には主制御器、主抵抗器、電動発電装置、電動空気圧縮機などを、制御車・付随車には主変圧器、主整流器、パンタグラフなどをそれぞれ搭載する。

　クモハ781形は、札幌方の制御電動車(Mc車)で偶数向きに使用される。力行(加速)時は主制御器でサイリスタによる位相制御を行って主変圧器で降圧された交流の電力の電圧を連続的に上げ、主整流器で直流に変えた後、直流主電動機の速度制御を行う。

　直流主電動機4基は永久2個直列を2回路並列で接続。冷却風は車内の2位・3位側の端部の2カ所に設けられた雪切室で雪を取り除いた後に送られる仕組みを持つ。

　711系とは異なり、発電ブレーキを使用でき、発電された電力は主抵抗器で放熱する。自然冷却式の主抵抗器は雪害を防ぐために屋根上に設置された。

モハ781-11 1985(昭和60)年11月6日 札幌運転区

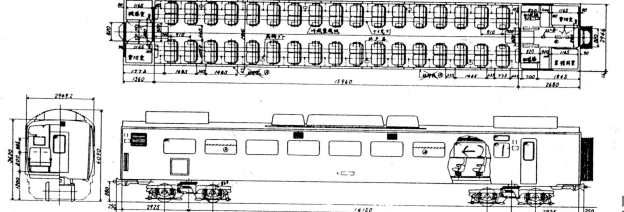

781系

モハ781形0番台

　クモハ781形から運転室を取り去った電動車。ユニットを組む相手はクハ780形またはサハ780形である。

　781系では直流主電動機の冷却風に雪が混入しないように雪切室が設けられており、モハ781形も2位・3位の端部に設置されている（写真の左端）。客室の床には送風・換気用に風道が設けられて冷却風が循環するようになっており、冷却風を外から取り込む量を減らす工夫が施されている。

　複数のパンタグラフ同士を結ぶ回路である母線から、主電動機回路を開放する目的で用いられる遮断器や接触器を断流器という。断流器は雪が詰まりやすいため、クモハ781形と同様雪切室の向かい側、1位・4位側に設置された機器室に収納されている。

　写真のモハ781-11は1980（昭和55）年7月1日の製造。日立製作所笠戸工場から青函連絡船で航送されて札幌運転区に到着した。

　1986（昭和61）年11月1日のダイヤ改正では編成数を増やすため、モハ781形、サハ780形に運転室を設置する改造工事が実施されている。モハ781-11もクモハ781-104へと生まれ変わり、JR北海道に承継。2007（平成19）年10月まで活躍を続けた。

クハ780-6　1986（昭和61）年11月6日　札幌運転区

クハ780形 0番台

　主変圧器、主整流器を搭載した制御車で、MM'ユニット車のM'車に相当することから偶数形式となった。通常、奇数形式が奇数向き、偶数形式が偶数向きとなるが、クハ780形は偶数形式ながら奇数向きとややこしい。

　クモハ781形の乗降扉は、485系などとは異なり前位寄りに設けられたが、クハ780形は後位にある。乗降扉の端部寄りにはトイレと洗面所が設置された。トイレと洗面所は、クハ780形のほかサハ780形にも設けられた。

　前面はクハ481形1500番台に似たデザインとなり、屋根上の前照灯（前部標識灯）も2灯と、485形1500番台と同じだ。ただし、形状は着雪を防ぐために丸みを増し、赤2号の帯が愛称表示器まで伸びて独得の表情となった。運転室前面の窓ガラスは熱線入りで、側面の窓も凍結防止のためにヒーター付きだ。JR北海道承継後は、利便性を高めるため、運転室寄りに乗降扉を増設した。

サハ780-11 1985（昭和60）年11月5日 札幌運転区

クモハ781-103 1986（昭和61）年9月30日 札幌運転区

サハ780形0番台

　一般には地味な付随車だが、781系の場合は主変圧器、主整流器を搭載しており、国鉄の交直流電車のM'車に相当する。写真のサハ780-11を見ると、右側が前位。客室が端部まであるように見える。実際には端部から790mmの空間は1位にくずもの入れ、2位に物置が設けられた。後位には3位に業務用控室、洗面所、4位に専務車掌室、トイレがある。

　モハ781形と同様に、サハ780形も一部が先頭車に改造された。写真のサハ780-11もクハ780-103に生まれ変わって国鉄の分割民営化を迎えている。快速「エアポート」で使用した際の混雑を解消するため、1991（平成3）年に前位に出入台、乗降扉を増設し、2007（平成19）年10月まで役割を全うした。

クモハ781形100番台

　6両編成8本で登場した781系の編成数を増やすため、モハ781形に運転室を取り付けた改造先頭車。モハ781-1・3・11・13がクモハ781-101〜104へと改造され、4両編成12本が誕生した。多客期には4両＋4両の8両編成も見られた。

　運転室の設置以外に大きな変化はない。781系の歯数比は、MT54E形直流主電動機の出力が150kWと高いこともあり、120km/hでの引張力確保のために4.21と、485系の3.5よりも大きい。床下に搭載されている電動発電装置の容量が10kVAと小さい点も特徴だ。781系の場合、各車両の屋根上に搭載されたAU78X形冷房装置の電源は、主変圧器で降圧された単相交流400V、50Hzを直接供給して作動させるからである

モハ781-901　1986（昭和61）年10月2日　札幌運転区

モハ781形900番台

　北海道の厳しい気候条件に特化した交流専用特急形電車の量産先行試作車として、1978（昭和53）年11月に6両編成1本が製造された際に登場した電動車（M車）。2両が製造された。モハ781形に限らず、登場当初の量産先行試作車は、側窓のうち2カ所は冷房装置が故障したときに外気を取り入れられるよう開閉可能となっていた。モハ781形900番台にも2カ所が上方の3分の1を内側に倒して開閉できた。しかし、実用上の効果が少なく、保守に手間も要するとして量産車では採用されず、後に量産先行試作車からも撤去されている。

　実は781系では、量産先行試作車と量産車との差はあまりない。腰掛のモケットの色を茶色からオレンジ色に変更し、乗降扉、仕切引戸、行先表示器のガラスの固定方法をHゴムからステンレス製の押さえへと改めた点くらいである。

クハ780-901　1986（昭和61）年10月2日　札幌運転区

サハ780-902　1986（昭和61）年10月2日　札幌運転区

クハ780形900番台

　クハ780形の量産先行試作車で、1両しか製造されていない。量産車との差異は少なく、先行試作車では運転室前面の窓拭き器（ワイパー）が2種類試用されていたが、量産車では0系11次車以降にも採用されたNP-50形に統一された。また、前面ガラスの熱線は残雪を防ぐために下部に25㎜延長されており、後に量産車と同一仕様に改められている。

　写真のクハ780-901は旭川方の制御車で、1978（昭和53）年11月3日に川崎重工業兵庫工場で産声を上げた。1979（昭和54）年3月19日から「いしかり1・4号」に投入された後、JR北海道に承継される。廃車は2007（平成19）年6月で、一部の量産車よりも長生きしている点は特筆してよい。

サハ780形900番台

　量産先行試作車として2両製造された781系の付随車。AU78X形冷房装置の前後に搭載されているのは強制押し込み式換気装置で、781系の客室内を正圧に保ち、雪や冷気の侵入を防ぐ役割を果たす。この装置には外気を温めるためのヒーターが組み込まれており、加熱された新鮮な空気は客室内の天井の蛍光灯に沿って設けられた吹出口から送り出される。

　781系の台車の軸箱支持装置はシュリーレン式とも呼ばれる円筒案内式軸箱支持だ。クハ・サハ780形900番台に使われた、TR208A形台車のボルスタアンカの高さは空車時には車軸中心上15㎜だったが、量産車では55㎜に改められた。この結果、前後方向振動加速度が4割程度減少して、乗り心地が向上した。

781系

クモニ13011 1986(昭和61)年9月5日 大井工場

旧性能電車

クモニ13形

　17m旧型国電の仲間で、車体長が17mと、2017年現在現役で活躍している20mと比べると短い。乗降扉数も、現在の通勤電車が片側4扉が基本なのに対して、3扉であった。

　このクモニ13形は、長らく東京・大阪圏の国電区間では新聞輸送を担っていたが、やがてトラック輸送に取って代わられ、国鉄末期には、クモニ13007と写真のクモニ13011だけが残って、東京の大井工場内で車両の入換作業に使われていた。このため、入換作業に便利なように、乗務員扉部には大きな手すりが取り付けられ、白に塗装されて識別されていた。

　2両のクモニ13形はともに1933(昭和8)年生まれで、50年以上働いた。しかし、JR発足を2日後に控えた1987(昭和62)年3月30日に除籍、廃車となった。

クモハ40054　1985(昭和60)年12月22日　国府津電車区

旧性能電車

クモハ40054

　1932(昭和7)年に登場した両運転台付きの車両で、現在の通勤用電車の標準仕様である、車体長20mを採用した最初の電車である。同時に、片運転台のクモハ41形、クハ55形などが片開き3扉、ロングシートにて製造されている。

　写真のクモハ40054は、1935(昭和10)年7月、汽車会社にて製造され、津田沼、池袋、三鷹、青梅などの各電車区を巡ったあと、1979(昭和54)年10月に国府津へとやってきた。国府津では、車庫が国府津駅から遠く、さらに交通の便も悪かったため、車庫構内での入換作業のほかに駅と車庫を結ぶ職員輸送にも使われていた。

　国鉄末期にはこの役割もなくなっていたが、保存を前提にJR東日本に承継・保存されてイベントなどで使われていた。2006(平成18)年に廃車となり、現在は青梅鉄道公園にて保存、展示されている。

クモハ42005 1986(昭和61)年1月23日 宇部電車区

クモハ42005

　クモハ40形と同様、昭和初期に製造された20m級の通勤電車。私鉄との競争が激しかった関西地区の東海道・山陽本線に投入された。クモハ40形が3扉ロングシートだったのに対し、クモハ42形は片側2扉のクロスシート(ボックスシート)で、当初は増結用だったため両側に運転台が設置された。1933(昭和8)年に13両が製造されている。

　太平洋戦争が勃発すると、4扉化・3扉化の計画が立てられたが、戦況の悪化により改造を受けたのは一部の車両にとどまった。

　ほぼ原形のまま生き残った7両は、戦後は宇部線や小野田線、飯田線にて活躍。写真のクモハ42005は、宇部線・小野田線で使用され、国鉄分割・民営化直前の1986(昭和61)年に廃車された。最後に残ったクモハ42006はJR化後も最後の旧型国電として小野田線長門本山支線で使われ、2000(平成12)年に引退した。

クモユニ74213 1986（昭和61）年6月13日 大船電車区

クモユニ74形 200・210番台

　クモユニ74形は、1962（昭和37）年、旧型国電モハ72形の主要機器を流用した荷物・郵便合造車だ。当時、東海道本線にデビューしていた111系に連結されて、荷物・郵便輸送を担った。東京駅発の先頭車として、111系15両編成に本形式を連結した16両編成は、当時在来線の最長編成であった。

　0番台（74000〜74014）に続いて登場した100番台（74100〜74107）はブレーキの新旧読取機能を装備、旧型国電の80系と連結して運転できることが特徴だ。200番台（74200〜74207）は、旧型国電80系のほか、115系との併結も考慮されたことが特徴だ。写真のクモユニ74213が属する210番台（74211〜74213）は、100番台の74100〜74102からの再改造である。種車によって、台車の形式は異なっていたが、パンタグラフはPS13形を2基搭載していた。

クモニ8326 1986(昭和61)年2月27日 宮原電車区

クモニ83形0番台

　クモニ83形は、クモユニ82形と共に中央東線の荷物輸送を担うため、モハ72形(一部クモハ73形)の主要機器を使用して改造された荷物車。車体は改造時に新製されたもので、1966(昭和41)年に全室荷物室の車両として登場している。

　最初のグループは、中央東線の小断面トンネルに対応するため、屋根全体を低くした800番台で、0番台は1967(昭和42)年に加わった。0番台は、小断面トンネル通過対策として、最小折りたたみ高さを縮小したパンタグラフ、PS23形を採用したことが大きな特徴で、これにより低屋根化する必要がなくなっている。

　800番台は83800〜83820の20両、0番台は83000〜83029の30両が在籍し、中央東線のほか、関西や中国地方にて荷物輸送を担った。なお写真のクモニ83026は、クモハ73164から改造された車両だ。

クモヤ90008　1986（昭和61）年2月26日　吹田工場

クモヤ90105　1986（昭和61）年2月3日　広島運転所矢賀派出所

クモヤ90形0番台

　モハ72形をベースに、前後に運転室を装着した事業用車両。電車区や車両工場構内での入換作業や、電車区・工場に入出場する車両の伴走車として使用された。1966（昭和41）年から36両が改造され、うち23両が0番台。3段窓の客用窓にモハ72形時代の面影が残っていた。50番台は、ブレーキ系統の自動ブレーキ、電磁直通ブレーキに新旧読替機構を付加した車両。クモヤ90101は新潟地区での使用を考慮した寒冷地仕様で、800番台は小断面トンネルに対応してパンタグラフ取付部を低屋根化した車両だ。なお、同スタイルのクモヤ91形は、交直流電車との連結を踏まえて、直流電化区間では制御電動車、交流電化区間では制御車として使用できる機器を備えていた。

クモヤ90105

　クモヤ90形102〜105は、1979（昭和54）年に加わったグループで、電機品はモハ72形からの転用品を使っているが、車体は一新した車両だ。1980（昭和55）年、101系の機器を流用して登場したクモヤ145形に準拠したスタイルとなっている。車内にロングシートはなく、すっきりとしていた。

　車体色は、クモヤ145形などの新性能事業用車が青だったのに対し、こちらはぶどう色（濃い茶色）の旧型国電色を承継している。なお電動空気圧縮機はC2000、電動発電装置はクモヤ145形と同容量の70kVAに一新。また同形の車両としてクモヤ90201〜90202も登場したが、これは連結する車両の違いからジャンパ栓の仕様が異なったため、区別された。

旧性能電車

351

21-117 1986(昭和61)年9月6日 東京第一運転所

0系
夢の超特急を実現した初代新幹線

東海道新幹線の初代営業用車両。標準軌、全電動車、風洞実験に基づく流線形など、戦前から積み重ねてきた日本の鉄道技術の結晶である。国鉄の財政悪化により世代交代が遅れ、22年間にわたり3,216両が生産された。

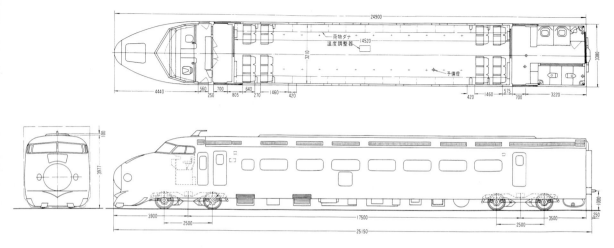

21形0番台

　流線形の「団子鼻」が印象的な、新大阪方1号車の制御電動車で、主制御器、抵抗器、電動発電装置などを備える。1976(昭和51)年までに143両が製造された。流線形の車両は戦前にも流行したが、100km/hに満たない速度ではほとんど効果はなかった。しかし、200km/hで営業運転を行う新幹線では、本格的な風圧対策が必要となる。国鉄は、風洞実験や在来線車両による研究などを重ね、その結果長さ4.5mに及ぶ流線形の前頭部と、車体下部に装着された「スカート」が誕生した。これは、風を左右に流す役割のほか、100kgの障害物を跳ね飛ばすことができた。

　先頭部のカバー内には、非常用連結器のほか、無線と空調関係の機器が入っている。このカバーは初期生産車はメタアクリル製、3次増備車以降はFRP製で、内部には非常用連結器が収納されている。メタアクリル製カバーは光を透過し、前照灯の余光によって光る構造になっていた。

　屋根の上には、架線に電気が流れていることを検知する静電アンテナと、カバーに覆われた無線アンテナが設置されている。客室は、山側2列、海側3列の5列シートで、定員は75名。幅1,460mmの広窓を採用していた。

22-119 1987(昭和62)年3月14日 東京駅

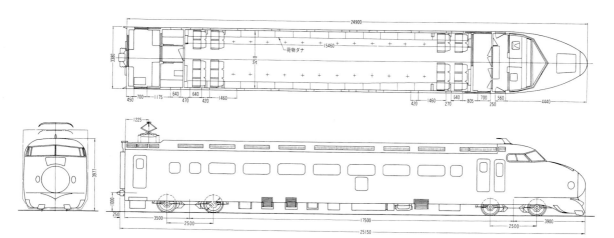

0系

22形 0番台

　東京方、16号車に当たる制御電動車。主変圧器、主整流機、電動空気圧縮機などを装備しており、パンタグラフも1基備える。21形0番台と同様、143両が製造された。

　21形はトイレ・洗面所を備えていたが、こちらは業務用室と乗務員室が設置され、客席は1列多い16列、定員80名だった。このため連結面側に客席最後列と乗務員室の小窓がある。21形と異なり無線用機器は搭載しておらず、屋根上もフラットだ。ボンネットカバー内には非常用連結器などが収められており、4次増備車からは機器用の空気調和装置が設置された。また、業務用室は、22-91以降は乗務員室に変更されている。

　東海道新幹線は、交流2万5000V60Hz交流方式。50Hzと60Hzのエリアをまたぐが、沿線に周波数変換装置を設置して全線60Hzで建設された。全車が主電動機を搭載するオール電動車で、開業当時は12両編成、1970（昭和45）年の大阪万博輸送から16両化が進められた。主電動機は、出力185kWを1両に4基搭載。車両長は、21形と22形は25,150mmだ。現在の東海道新幹線は1列車の定員が1,323名だが、開業当時の0系は987名だった。

355

15-66 1986(昭和61)年9月6日 東京第一運転所

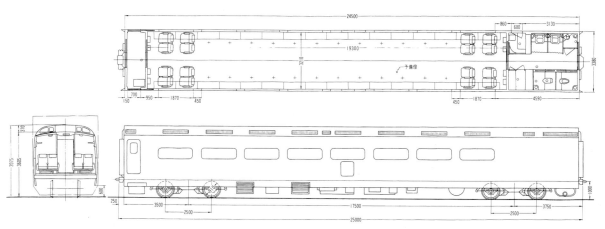

0系

15形0番台

東海道新幹線のグリーン車(登場時は一等車)で、16形とユニットを組む。0系はオール電動車のため、主電動機のほか制御機器や主抵抗器などの機器を搭載している。

1965(昭和40)年から「ひかり」と「こだま」の編成が分離され、15形は一等車を2両連結する「ひかり」専用となる。このため、しばらく増備がなかったが、1973(昭和48)年から再開され、最終的に1976(昭和51)年までに96両が製造された。

客室は左右2列の4列シートで、定員は64名。シートピッチは在来線グリーン車と同じ1,160mm。これは、これまでに登場した全ての新幹線グリーン車に共通している。座席の幅は2人掛けで1,230mm、1人分の座面は550mmと在来線よりもゆったりとしている。

乗降扉は新大阪寄りの片側1カ所のみ。東京寄りにはトイレと洗面所が2カ所ずつ設けられた。トイレは、外国人の利用などを考慮して1カ所に洋式トイレを採用。洗面所は普通車と同様、三面鏡が採用された。

0系は、登場当時一等車はゴールド、二等車はシルバーをイメージカラーとしており、それまで赤が多かった一等車のシートモケットにはゴールドイエローが採用されている。

357

25-663 1986(昭和61)年12月10日 東京第一運転所

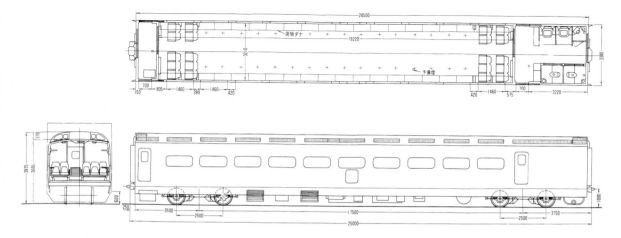

0系

25形 0・500・900番台

　普通車で、パンタグラフを装備しない中間電動車。26形（普通車）や16形（グリーン車）とユニットを組み、1975（昭和50）年までに同一仕様の500・900番台と合わせて429両が製造された。0系では、奇数号車に組み込まれる奇数形式の車両にトイレ・洗面所が設置されており、25形もトイレと洗面所を2カ所ずつ装備している。このため客席は26形より2列少ない100名だった。このルールは現在も生きており、「自由席で座るには、トイレがなく座席が多い偶数号車が有利」と言われる。

　座席は、海側3列、山側2列の5列シートで、座席間隔は940mmで、在来線特急の910mmより若干広いものの、3列シートがあるため回転させることができず、背ずりを前後に倒して方向を変える転換クロスシートが採用された。モケットは、グリーン車のゴールドイエローに対しシルバーグレーを基調としている。ちなみに、この布地の予備を使って、1973（昭和48）年9月から在来線に「シルバーシート」が登場している。

　写真の25-663は1969（昭和44）年の「ひかり」16両化に対応した増備車で、初期車とほぼ同じながら500番台を称する。699の次は900に飛び、900番台となった。

16-113 1986(昭和61)年 9月6日 東京第一運転所

16形 0番台

　パンタグラフ付きのグリーン車で、主変圧器、整流器、電動空気圧縮機などを備える。在来線の交直流電車では屋根上に置かれた高圧機器も、高速走行を考慮してすべて床下に設置されている。

　「ひかり」だけでなく、グリーン車を1両のみ連結した「こだま」にも使用され、「ひかり」は15形と、「こだま」は25形とユニットを組んだ。開業後もコンスタントに増備された車両で、1976(昭和51)年までに143両が製造された。1970年代後半から引退が始まり、国鉄民営化直前の1986(昭和61)年11月改正時点では62両が現役だった。

　15形と同じグリーン車ながら、乗降扉は前後2カ所にある一方、トイレと洗面所はない。つまり、「こだま」にはグリーン車用のトイレ、洗面所がなかった。このため客席は15形よりも1列多く、定員は68名だ。

26-573　1986(昭和61)年5月29日　東京第一運転所大井支所

0系

26形 500番台

　新大阪寄りにパンタグラフを1基装備し、トイレ・洗面所のない中間電動車。25形をはじめとする奇数号車とユニットを組んだ。0系の主要形式の一つで、基本番台となる0〜700番台は762両が製造され、0系の中で最大の勢力となった。乗務員室と業務用室を備えているが、500番台は山側の業務用室が自動販売機コーナーに変わり、小窓が廃止された。写真に写っている小窓は乗務員室のもので、内側に開くことができる。乗務員によるホームの確認や、駅員との連絡に使われた。

　0系は、登場後に国鉄の財務状況が悪化したこともあり、老朽化した車両を同じ0系で置き換えることが繰り返された。26形も、最初期に製造された車両は1976(昭和51)年から主に1000番台に置き換えられて行き、国鉄民営化を前にした1986(昭和61)年11月時点ではすでに半数以上の約400両が引退していた。

35-150 1986(昭和61)年12月10日 東京第一運転所

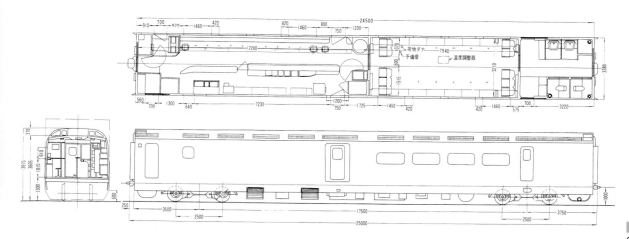

0系

35形0番台

 東海道新幹線開業と同時に登場した、半室ビュフェの普通車。車幅が3,380mmと在来線よりも広いので、山側のカウンターには固定式の回転椅子が13名ぶん設けられ、富士山や浜名湖を眺めながら、温かい食事をとることができた。調理室は完全電化されており、電子レンジ、冷蔵庫、ヒーターなどを装備して

いた。開業当時のメニューはカレーライス150円、ポークカツ180円、コーヒー50円、ランチ300～500円など。開業時は5号車と9号車の2両を連結しており、内装の配色が異なった。壁には時計と速度計、列車現在位置表示装置などがあり、200km/hを示す速度計見たさにビュフェを訪れる乗客も多かったものである。
 しかし、「こだま」のビュフェは利用率が

低迷し、やがて1両は売店に置き換えられた。1972(昭和47)年に「こだま」が16両化されると、ビュフェは13号車に追いやられ、やがてついには営業を休止して車販準備室のような存在になってしまう。「ひかり」に食堂車の36形が登場するとますます影が薄くなり、国鉄分割民営化に際しては、6両がJR西日本に承継されたものの、1992(平成4)年までに全車廃車となった。

36-8 1986（昭和61）年 東京第一運転所

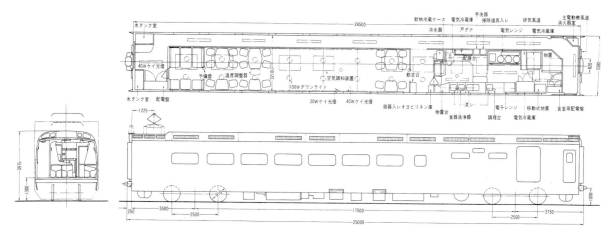

36形0番台

　1975(昭和50)年3月の山陽新幹線博多開業に合わせて登場し、1974(昭和49)年9月から営業を開始した本格的な食堂車。

　広い車体幅を活かして客室と通路を分離したことが特徴で、山側に廊下を配置し、海側に2人用テーブル、山側に4人用テーブルが6組ずつ配置された。新大阪寄りの奥にはソファ席もあり、客席数は42席。

　厨房は東京寄りに設けられ、当時最新だった14系客車のオシ14に準じた設計だ。電子レンジ、電気レンジ、冷蔵庫などのほか、新たに自動食器洗浄機を装備した。

　営業は、日本食堂のほか帝国ホテル、都ホテル、ビュフェとうきょうが担当し、食堂車の運営業者を見て乗車列車を決める乗客もいた。なお、登場時は、客室と廊下は壁で完全に遮断されていたが、富士山をはじめ山側の車窓風景が見えないことから苦情が多く、1979(昭和54)年度から順次壁に窓を設ける改造工事が実施されている。

　JR発足時も定期「ひかり」はほぼ全列車食堂を営業していたが、1995(平成7)年の阪神淡路大震災をきっかけに同年4月20日から営業を休止。そのまま復活することなく、1998(平成10)年までに全車廃車となった。

27-69 1986(昭和61)年12月10日 東京第一運転所

27形0番台

　1975(昭和50)年の山陽新幹線岡山〜博多間開業に合わせて登場した普通車。同時に登場した食堂車の36形が、食堂車として初めて電動車となったため、重量のバランス上食堂車の付帯設備の一部を搭載したもの。東京寄りに、食堂車従業員専用トイレ、従業員休憩室、ジュースクーラー、車販準備室、電話室などを設けている。電動発電装置も、食堂車が電気を大量に消費することから、通常の車両が20kVAを搭載するところ、35kVAという大容量の装置を搭載した。

　東京寄りの乗降扉は、車椅子に乗ったまま乗り降りできるよう、扉の幅が700mmから1,050mmに拡大された。現在に至る、新幹線の「バリアフリー」設備の走りと言える。

　様々な設備を搭載しているために、客席は17列にとどまり、客室定員は85名。乗客用トイレもない。

25-433 1986(昭和61)年9月6日 東京第一運転所

25形 400番台

　大阪万博輸送の対策として、1969(昭和44)年から増備された車両で、売店付きの普通車。当時、「ひかり」より割安だった「こだま」の乗客が増加する一方、2両連結されていたビュフェの利用率は低迷していた。そこで、大阪寄りのビュフェ1両をこの車両で置き換え、定員増と合理化を図ったもの。新大阪寄りのデッキ山側に小さなカウンター付きの売店が設けられ、向かいに車販準備室があった。基本的に、35形の売店コーナーと同じ設計だったが、冷蔵庫や流しなどが新たに設置された。

　売店の横には電話室があった。車内電話は1965(昭和40)年6月に始まったサービスで、当初は東京・名古屋・大阪など一部の都市にしかかけられず、ビュフェや売店の係員に申し込む必要があった。また、外部から列車内の乗客に電話をかけることもでき、乗客は車内放送で呼び出された。

25-763 1986(昭和61)年9月6日 東京第一運転所

25形 700番台

　パンタグラフを持たず、トイレ・洗面所を装備する電動車。1969(昭和44)年の「ひかり」16両化に合わせて登場したタイプで、主として11号車に連結された。大阪万博の開催によって外国人利用者の増加が見込まれたことから、2カ所あるトイレのうち1カ所は、洋式になっている。しかし、当時は肌が直接触れる洋式を不特定多数が利用することに抵抗を覚える日本人が多く、長らく和式優勢の時代が続いた。東海道・山陽新幹線では、1999(平成11)年に営業運転を開始した700系まで和式が採用され、2007(平成19)年登場のN700系で初めて全て洋式となった。

　洋式トイレを導入した普通車には、他に1966(昭和41)年登場の25形200番台がある。こちらは「こだま」の一等車をトイレ・洗面所のない16形1両にした際、ペアを組む車両として導入されたものだ。

26-374 撮影日不明 東京第一運転所

0系

26形 200・700番台

　パンタグラフを装備し、トイレ・洗面所のない電動車。200番台は乗務員室と業務用室もないため、客室は全22列、定員110名と、日本の特急形電車としては最も多い。「ひかり」16両化に際して増備された700番台も仕様は全く同じ。開業から1976(昭和51)年までの12年間にわたり、200・700番台の合計で466両(201〜386、701〜980)が製造された。

　東海道新幹線では、開業当初は行先と列車名が書かれた鉄製の行先標(サボ)がドア横の枠に取り付けられたが、走行中に風圧で外れるケースが多かったため、すぐに使用が中止されている。その後しばらくは、行先標も方向幕も用いられず、極めてシンプルな外観だった。当時の新幹線のダイヤは、原則として「ひかり」は名古屋・京都停車、「こだま」は各駅停車とシンプルで、行先標の類はあまり必要なかったとも言える。

16-1037　1986(昭和61)年9月6日　東京第一運転所

16形1000番台

　1976(昭和51)年から1980(昭和55)年にかけて41両が製造された、偶数号車用グリーン車のマイナーチェンジ版。この頃、東海道新幹線は開業から12年が経過し、初期の車両の更新が必要となった。しかし、国鉄の財政は悪化の一途を辿っており、新型車両を開発する余裕はない。そこで、老朽化した0系を、新製した0系で置き換えていくことになった。ほぼ同時に、開業以来初めてとなるマイナーチェンジが図られた。東海道新幹線では、走行中に砂利などを巻き上げて窓ガラスにひびが入る事故が多発しており、これを防ぐためと交換作業を効率化するために、座席1列ごとの小窓化が実施された。客室設備やシートピッチに変更はない。

　写真の16-1037は、1980年1月の完成。国鉄時代は「こだま」用として、JR西日本に承継後は「ひかり」用として1997(平成9)年まで働いた。

21-1024 1986(昭和61)年5月29日 東京第一運転所大井支所

21形1000番台

　1976(昭和51)年から1980(昭和55)年まで、51両が製造された新大阪寄りの下り先頭車で、客室窓を1列に1つの小型窓に変更したマイナーチェンジ車だ。客室窓は、従来の1,460mm幅から630mm幅に変更された。

　1000番台が登場した1976年、国鉄は約5割に及ぶ大幅な値上げを実施。「国鉄離れ」と呼ばれる現象が起き、新幹線の輸送量も低迷した。この時期から0系は増発を目的とした「増備」は行われなくなり、新しい車両は老朽化した車両の取り替えにのみ充当されるようになっていく。

　写真の21-1024は、1978(昭和53)年2月に新製され、主に「ひかり」用編成として活躍したのちJR西日本に承継、1997(平成9)年に座席などを交換して5030番台となり、2003(平成15)年まで山陽新幹線で活躍した。通常12～13年で廃車となる新幹線車両の中でも長寿だった。

22-1024 1986(昭和61)年5月29日 東京第一運転所大井支所

22形 1000番台

21形1000番台と同様、1976(昭和51)年から投入された、東京方上り先頭車の小窓車。窓の仕様を変更した以外、トイレ・洗面所の配置を含め従来車から変更はない。

東海道新幹線は、開業以来「ひかり」「こだま」別編成化、「ひかり」16両化、「こだま」16両化など、社会情勢に応じて次々と編成を組み替えてきたため、同じ編成でも製造からの期間はまちまちだった。そのため車両の更新も編成ごとに効率よく行うことができず、1両ごとに分解するような複雑な手順を経て更新していった。車両更新の都合上、一時的に使えなくなる編成が発生し、そのための予備編成が必要になるなど、非効率を極めた。

写真の22-1024はP371の21-1024の相棒として同時に誕生した車両で、JR西日本に承継されて5030番台に改造された後も、廃車となるまで終生ペアを組んだ。

25-1051 1986(昭和61)年5月29日 東京第一運転所大井支所　　　26-1051 1986(昭和61)年5月29日 東京第一運転所大井支所

25形 1000番台

　関ヶ原付近で多発していた、砂利巻き上げによる窓破損事故に対応するため、幅630mmの小窓を採用したマイナーチェンジ車。車内設備や仕様は、0・500番台と全く同じだ。

　1000番台は、各形式とも1964(昭和39)年の開業時から使われてきた0番台を置き換えた。鉄道の車両は20～30年程度使用されることが多いが、東海道新幹線は開業以来、一貫して経理上の償却年数とほぼ同じ13年前後で更新されている。これは、新幹線車両の走行距離が長く、連日激しい風圧にさらされるため。現在主力のN700系も、2007(平成19)年登場に対して、13年が経過する2020年度から新型「N700S」への更新が始まる予定だ。

26形 1000番台

　パンタグラフ付き、トイレ・洗面所なしの偶数号車用普通車の小窓採用バージョン。1979(昭和54)年に製造された車両からは、自動販売機コーナーが業務用室に変更された。

　1000番台が登場した昭和50年代は、国鉄にとって最悪と言える時期だった。1980(昭和55)年10月のダイヤ改正は、優等列車を削減する史上初の「減量ダイヤ改正」で、東海道新幹線では「こだま」が大幅削減される一方、「ひかり」はやや増発。「こだま」を補うため、静岡、浜松など従来は通過してきた駅に停車する「ひかり」、通称「ひだま」も登場した。

　小窓の採用も、窓ガラスのメンテナンスを合理化した結果であり、当時の国鉄の置かれた状況を物語っている。

0系

25-2026 1986(昭和61)年5月29日 東京第一運転所大井支所

25形 2000番台

　パンタグラフ無し、トイレ・洗面所付きの奇数号車用電動車で、1981(昭和56)年から、国鉄最末期の1986(昭和61)年まで、53両が製造された。この2000番台では、狭くて古くさいと評判が悪かった座席のリニューアルが行われ、シートピッチは従来の940mmから980mmに40mm拡大。シートは東北・上越新幹線の200系にも採用されるオレンジ布・縞柄の簡易リクライニングシートとなった。また、座席間のひじ掛けを跳ね上げられるようになったり、前の座席の裏に折りたたみ式のテーブルも設けられたりした結果、今日の新幹線普通車に通じる構造が確立した。これに伴い、座席は1列減って19列、定員95名となり、窓も630mmから720mmに拡大した。国鉄分割民営化のちょうど1年前となる、1986年4月新製の25-2053をもって、総勢3216両生産された0系の製造は終了した。

26-2019 1986(昭和61)年9月6日 東京第一運転所

26形 2000番台

　パンタグラフ付き、トイレ・洗面所なしの偶数号車用電動車。座席リニューアル・シートピッチ拡大車で、1981(昭和56)年から、1986(昭和61)年春まで38両が製造された。客席は0番台より1列減り、定員は95名だ。

　東海道新幹線の普通車で初めて採用された簡易リクライニングシートだが、背ずりが倒れるというよりは、座面と背ずりが手前にせり出すような仕組みだった。在来線初期の簡易リクライニングシートのように、すぐ元に戻ってしまうことはなかったが、調節できる角度も最大22度と小さく、座り心地は良くなったものの、使い勝手はあまり良くなかった。

　また、3列シートは回転できなくなり、車両中央を境に背中合わせに固定された。進行方向に対して後ろ半分は必ず逆向きとなり、親切な係員なら「後ろ向きになりますがよろしいですか」と確認してから販売したものである。

26-2231 1986（昭和61）年5月29日 東京第一運転所大井支所

25-2712 1987（昭和62）年1月31日 東京第一運転所大井支所

26形 2200番台

　26形2000番台と同時期に製造されたシートピッチ拡大車で、200番台の置き換え用として51両が登場した。トイレ・洗面所に加えて乗務員室も装備しておらず、座席定員は2000番台中最大の105名となっている。3列席はやはり回転できず、背中合わせになっている。こうした構造は、フランスTGVや韓国KTXなどにも見られるが、海外は車両中央を境に向かい合わせになっているのに対し、日本は背中合わせというのが国民性を表していて興味深い。

　2000番台では、普通車の座席改善以外にも細かいリニューアルが施された。奇数号車と偶数号車で車内の色調を変えたこともその1つだ。

25形 2700番台

　老朽化した25形700番台を置き換えるために登場した形式で、1983（昭和58）年から1985（昭和60）年にかけて13両が製造された。座席をリクライニングシートとし、シートピッチを940mmから980mmに拡大したもので、座席は1列減って19列、定員95名となった。トイレは700番台と同様、2カ所あるうちの1カ所が洋式となっている。

　製造時期が遅い2700番台は、全車が国鉄分割民営化を乗り越え、8両がJR東海へ、5両がJR西日本に承継された。西日本に承継されたうちの2両は、1990（平成2）年2月に座席を2×2の4列シートに交換し、「ウエストひかり」に投入された。2000（平成12）年10月までに全車廃車となり消滅。

25-2903 1986(昭和61)年8月18日 浜松工場

25形 2900番台

　国鉄末期の1986(昭和61)年に、山陽新幹線で運行されていた6両編成の「こだま」に売店スペースを確保するため、半車ビュフェの37形2500番台から6両が改造された車両。ビュフェ関連設備の大部分を撤去して座席を増設し、定員は62名。ビュフェと客室の仕切りがあった場所だけシートピッチが広かったのがユニークだ。東京寄りの業務用室は残され、2カ所あった車椅子対応トイレのうち1カ所を多目的室に改造、客室も3列シート3カ所に車椅子固定装置が設置された。

　写真の25-2903は、JR西日本の承継後の2002(平成14)年に「ウエストひかり」用の25-7901に再改造され、0系最末期の2008(平成20)年5月20日に引退した。

　なお、写真の浜松工場は、東海道新幹線で唯一、車両の全般検査を担う工場だ。2017(平成29)年に検査ラインが一新され、写真の風景も過去のものとなった。

37-1056　1986(昭和61)年5月29日　東京第一運転所大井支所

37形 1000番台

　35形の置き換え用として登場したビュフェと普通車の合造車で、1976(昭和51)年から1979(昭和54)年にかけて70両が製造された。「こだま」利用客の短距離化や「ひかり」の食堂車登場などの影響によってビュフェのニーズが低下したため、ビュフェはスペースを縮小。カウンターの座席は省略され、立席のみとなった。この結果、ビュフェで飲食する人はますます減り、国鉄末期には大型の売店コーナーのような状況になっていた。

　身体が不自由な人のための設備は、従来は食堂車とユニットを組む27形に設けられていたが、37形でも採用され、3列シートの通路側2席を撤去して、車椅子固定装置が設置された。普通車の客室は、35形よりも1列増え、車椅子の固定スペースとして2席減ったため43席となった。

37-1519 1986(昭和61)年9月6日 東京第一運転所

37形 1500番台

　ビュフェは、様々な形式がある0系車両の中でも、特に仕様変更が多かった設備だ。1500番台は、1000番台で狭くしすぎたビュフェスペースを再び拡大したもので、27両が製造された。これに伴い、客室は1列減って8列38席となり、ビュフェの通路側の窓(写真の反対側)が6枚に増加している。

　37形は1981(昭和56)年から普通車のシートピッチ拡大車である2500番台が登場、42両が製造された。シートピッチが広がったぶん普通車が若干広くなり、ビュフェスペースはまたしても縮小されて通路側の窓が5枚に戻った。

　37形には、35形と同様、アナログ式のスピードメーターが通路の壁に設置されていた。晩年はあまり営業していなかったビュフェだが、このスピードメーターを見に来る人は多く、時には修学旅行生などで賑わったものである。

124-4 1986(昭和61)年11月28日 東京第一運転所大井支所

100系
「お客様第一」を極めた豪華新幹線

国鉄末期の1985(昭和60)年に、開業以来初めて投入された新型車両。グリーン車の1両と食堂車は眺望抜群の二階建て。グリーン個室や、当時の普通車のレベルを超えたシートピッチの普通車など、優れた快適性を備える車両だった。

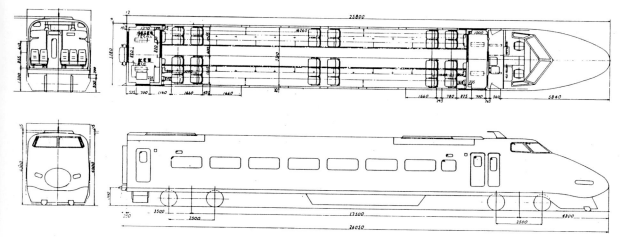

100系

124形0番台

　1985(昭和60)年10月1日に運行を開始した100系は、開業から21年ぶりに投入された東海道新幹線の新型車両だ。0系は開業以来、数多くの編成組み替えを行い、編成には経年の大きく異なる車両が混在していた。また、1975(昭和50)年の山陽新幹線博多開業時に投入された編成も1987(昭和62)年に更新時期を迎えることから、新型車両投入の機運が高まってきた。しかし、国鉄の財政状況は極めて厳しい状態に陥っていたことから、新製費は0系並みとし、メンテナンスコストを低減させることを目的に設計されたのが100系だ。0系や200系の実績を元に改良された、信頼性の高い機器を採用し、座席の改良など、乗客サービスの充実に力が注がれた。
　新製時の100系には、食堂車付きのX編成、カフェテリア付きのG編成、二階建て車両を4両連結したV編成の3種類があったが、国鉄時代に製造されたのはX編成のみ。
　124形は博多寄りの先頭車で、56両が製造された。トイレや洗面所は備えておらず、座席定員は75名。0系が16両すべて電動車だったのに対し、100系は124形を含む先頭車と二階建て車両が付随車となり、機器集約によるコスト削減が図られた。

123-3 1987（昭和62）年1月30日 東京第一運転所大井支所

123形0番台

博多方先頭車。東京寄りにトイレ・洗面所を装備しており、124形よりも客席が2列少なく、座席定員は65名。付随車のため、パンタグラフは装備していない。全56両のうち6両が国鉄時代に新製された。

先頭部は、0系が航空機を参考にした球状のスタイルだったのに対し、100系はより鋭角的・直線的なデザインとなった。80年代に流行したデザインでもあり、また先端から連続的に断面積が増える形とすることで、空気抵抗を低減させている。デザインは、約90種類のイメージ図から6種類の候補を選定。模型による風洞実験やデザイナーの意見を元に3種類に絞り込み、最も空気抵抗値の少ない形状に決定した。

前照灯も、0系、200系が2灯を縦に並べていたのに対し横列とし、そのシャープなデザインは一部のファンから「シャークノーズ」とも呼ばれていた。

116-4 1986(昭和61)年11月28日 東京第一運転所大井支所

116形0番台

　0系の16形を引き継ぐ平屋構造のグリーン車で、10号車に組み込まれた。シートピッチは0系や200系と同じ1,160mm。100系からは、車内でのミュージックサービスが開始され、ひじ掛け下にオーディオパネルが設けられた。

このミュージックサービスは、JR化後も2013(平成25)年まで続けられ、最新のN700系もグリーン車にはオーディオパネルがある。現在はNHKラジオ第一の配信のみが行われている。

　客室窓は、久々に2列で1枚の大型窓が採用され、車窓の眺めが良くなった。なお、試作車である116-9001は小窓を採用しており、新製当初は山側に1人用個室を2室、海側に2人用個室を1室備えていた。乗降扉も試作車のみ片側2カ所設けられていたが、後に窓以外は量産車と同等の設備に改造された。量産車では二階建て車両以外に個室は設けられず、資料も極めて少ないレア設備だ。

125-6 1986(昭和61)年11月28日 東京第一運転所大井支所

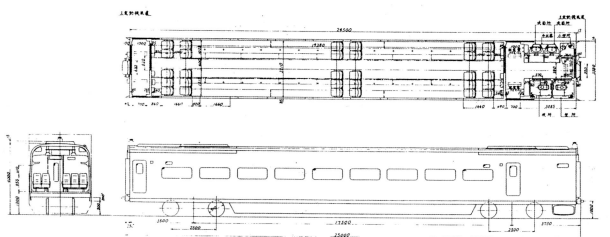

100系

125形 0 番台

　100系の電動車で、奇数号車に使用された普通車。トイレと洗面所を装備し、定員は90名だ。0番台としては224両が製造され、国鉄時代には24両が登場していた。

　100系が開発された当時、世間では「国鉄離れ」が進んでおり、100系は「お客様第一」をキーワードに客室設備とサービスの改善が進められた。普通車は従来と同じ海側3列＋山側2列の5列シートながら、シートピッチが980mmから1,040mmに拡大され、3列席も回転できるようになった。リクライニング角度も、0系2000番台の最大22度に対し100系は最大31度と大きくなっている。しかし、3列席を回転させるには、従来の設計では1,250mmというグリーン車以上のシートピッチが必要となる。そこで、リクライニング機構を簡略化して座席後部カバーを小型化したり、背ずりの初期角度を6度とほぼ直立状態にしたりといった工夫で1,040mmまで詰めた。このシートピッチは、2017年現在も東海道・山陽新幹線の標準仕様となっている。座席背面のテーブルも座席下部から伸びるアームによって支える形となり、背ずりの角度にかかわらず水平を保てるようになったほか、座席の小型化・軽量化にも貢献した。

125-504　1986(昭和61)年11月28日　東京第一運転所大井支所

125形 500番台

　7号車に組み込まれた普通車で、トイレと洗面所のほか、電話室、業務用室、多目的室などを備える。多目的室は、乳児への授乳や、気分が悪くなった乗客が休憩する場所として使われ、100系以降現在に至るまですべての新幹線車両に装備されている。全56両が新製されたが、JRがスタートした時点では6両が登場していた。

　100系は、16両中12両が電動車で、125形は制御装置を、ユニットを組む126形はパンタグラフや主変圧器、主整流器、電動発電装置、空気圧縮器などを搭載する。

　普通車はシートピッチが拡大したことにより客室スペースが拡大したが、0系で26形基本番台などに装備されていた乗務員室を省略することで、0系と同等の定員を確保している。中間車の乗務員室はグリーン車のみとなり、この点からも「お客様第一」の姿勢が見て取れる。

125-703 1987（昭和62）年1月31日 東京第一運転所大井支所

125形 700番台

　11号車に組み込まれた普通車で、東京方に車販準備室や多目的室、車椅子対応トイレなどが設置された。東京方の乗降扉は通常700mm幅のところ、車椅子対応として1,050mmに拡大されている。座席は15列で、14・15列目に車椅子固定装置があるが、B席のひじ掛けを跳ね上げることができないため、足が不自由な人には利用しにくい面もあった。座席定員は73名。

　700番台は1992（平成4）年までに56両が新製されたが、国鉄が最後の日を迎えた1987（昭和62）年3月31日の時点では、6両が登場していた。

　写真の125-703は1986（昭和61）年8月に新製され、JR東海に承継されて2000（平成12）年7月に廃車となるまで、東海道新幹線の花形列車の一員として活躍した。

149-3 1987(昭和62)年1月31日 東京第一運転所大井支所

149形0番台

　100系のシンボルとも言える、二階建てグリーン車。付随車で9号車に組み込まれた。

　2階は見晴らし抜群のグリーン席。座席は平屋構造の116形と同じだが、階段などの関係から山側8列、海側14列、海側の両端列は1人掛けという変則的な形となった。2階席にはレールの揺れや騒音がほとんど伝わらず、極めて静粛性の高い客室となった。

　1階は、新幹線では初となるグリーン個室で、1人用個室5室、2人用個室3室、3人用1室が設けられた。山側に通路、海側に個室が配置され、1人用は窓に向かってソファシートとデスクが、2人用と3人用は、線路に対して横向き・向かい合わせにシートが設置された。試作車である149-9001では、1人用4室、3人用6室だったが、3人用が狭かったため変更され、9001も後に改造された。

　グリーン個室は、プライバシーを重んじる著名人や企業家などに人気の設備だった。

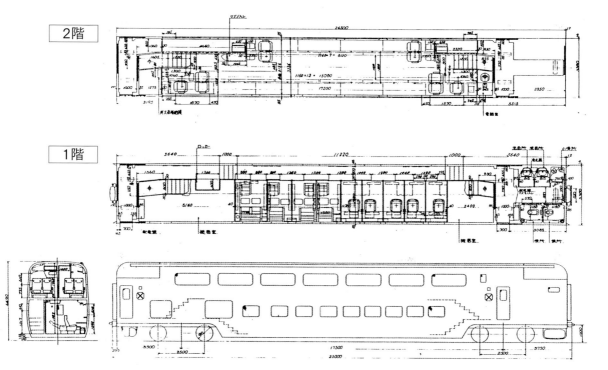

100系

168-4 1986(昭和61)年11月28日 東京第一運転所大井支所

168形0番台

　国鉄最高のサービス施設と言われた二階建て食堂車。二階が食堂、一階が厨房と売店、そして通路という構成で、食堂は4人席が10組、2人席が2組、定員は44名。窓には大型曲面ガラスを使い、展望車のような眺望を確保した。カーテンは装備されていない。

　通路は一階にあり、食堂利用者以外が食堂に入ることはない。食堂の様子がわかるよう新大阪寄りに吹き抜け窓が設置された。仕切板と階段部には、黒岩保美氏がデザインしたエッチング画「歴代 日本の名列車」が使用され、精密な描写が人気を呼んだ。

　試作車である168-9001と比べると、混雑時に備えて売店付近の通路が若干広くなり、手洗い台を移設して、待合用のスペースを広げている。食堂の窓も熱線反射ガラスになった。

　車体側面の赤いマークは国鉄時代にのみ見られたロゴで、「New Shinkansen」のNとSをデザインしていた。

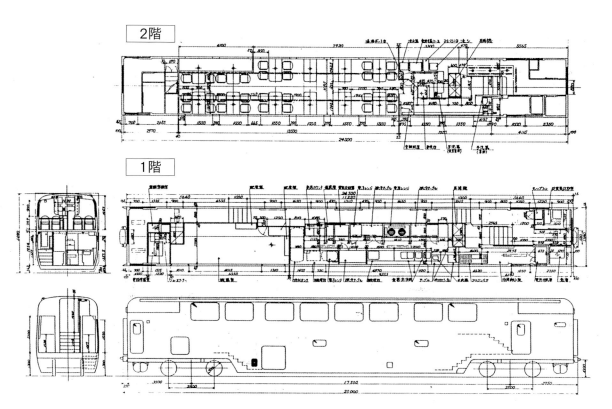

168-9001 1986（昭和61）年5月29日 東京第一運転所大井支所

168形9000番台

　100系の試作車であるX0編成（後のX1編成）に使用された二階建て食堂車。元々100系は、保守コストを低減するために付随車を連結することが構想段階から決まっていたが、付随車は床下に電装機器を搭載する必要がなく、車両限界にも余裕がある。そこで豪華な二階建て車両を導入することになり、二階建てグリーン車と共に誕生したのが、この「国鉄らしくない」と評されるほどの食堂車だ。ただし、職人気質の厨房スタッフからは、「利用客の様子が見えず、調理のタイミングがわからない」と不評だったという。

　食堂車の営業は日本食堂、帝国ホテル、都ホテル、ビュフェとうきょうが担当。国鉄分割民営化直前の1987（昭和62）年3月当時のメニューは、サーロインステーキセット2,100円（日本食堂）、帆立貝のムニエル定食2,300円（帝国ホテル）、ビーフカレーセット（コーヒー・サラダ付）1,000円など。

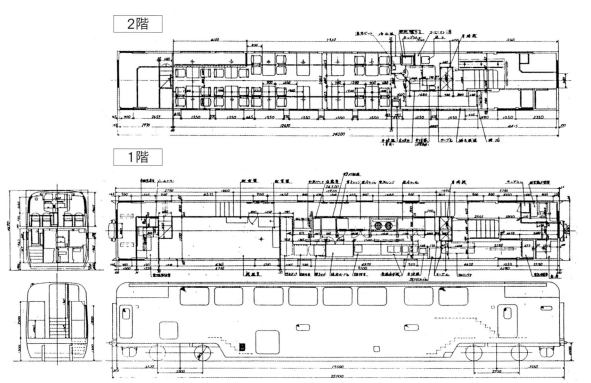

100系

123-9001　1986（昭和61）年11月7日　東京第一運転所大井支所

123形 9000番台

　100系の試作X0編成で、博多方の先頭車に連結された制御車。新幹線では初となる主電動機を搭載しない付随車で、自重は51.9tと当時の新幹線車両としては画期的な軽さを誇った。量産車ではさらに軽量化が進められ、49tと、50tを切った。

　100系の試作車は、0系1000番台から続く1列1窓の小窓を採用していたが、量産車では2列1窓の広窓に変更される。これも、100系の「お客様第一」の方針によるもので、より広い視界と開放感を得るために変更されたものだ。また、試作車は前部標識灯がややつり上がっていた。

　主電動機を持たないため、発電ブレーキと同等のブレーキ力を得るため渦電流ディスクブレーキを採用している。これは、車軸に取り付けたディスクを電磁石で挟み、電磁石の磁力とディスク表面に発生した渦電流の磁束によってブレーキ力を発生させる仕組みだ。

124-9001 1986(昭和61)年11月7日 東京第一運転所大井支所

124形9000番台

　100系の試作X0編成で、東京方の先頭車に連結された制御車。123形が、トイレと洗面所を装備し定員65名だったのに対し、それらの設備を持たない124形は2列10名多い定員75名だった。

　124形9000番台も123形と同様、小窓仕様で、前照灯に角度が付いている。運転台の窓は、0系の側窓が開閉できるようになっていたのに対し、車体の平滑化を進めるため固定式となった。スカートには、アルミ板を重ねた排障装置が収められている。

　国鉄末期に登場した100系は、JR発足後も増備が続き、1989(平成元)年にはJR西日本から2階建て車両を4両としたV編成「グランドひかり」が登場する。しかし、90年代に入ると、東海道新幹線はスピードと効率化の時代に入り、100系は活躍の場を失っていった。この試作編成は、1999(平成11)年に引退した。

125-9004 1986(昭和61)年11月7日 東京第一運転所大井支所

125形 9000番台

　100系の試作Ｘ０編成の電動車。４両が製造され、３・５・13・15号車に組み込まれた。他の試作車と同様、小窓を採用しているが、その他に量産車との仕様の違いはほとんどない。126形9000番台などとユニットを組んだ。

　０系のMM'ユニットは奇数形式が博多方、偶数形式が東京方に連結されるのが原則だったが、100系では１・16号車が付随車となったため、偶数形式が博多方、奇数形式が東京方に逆転している。

　100系の電動車は、主電動機に出力230kWのMT202を形１両に４基ずつ、12両に搭載している。０系は出力185kWの主電動機を全16両に４基ずつ搭載しており、トータルの出力はほぼ同じだ。冷房装置は、０系が上屋根と下屋根の間に11〜12基を設置する分散方式だったのに対し、100系は車端部に２基ずつ設置するセミ集中方式となった。

125-9501 1986(昭和61)年11月7日 東京第一運転所大井支所

125-9701 1986(昭和61)年11月7日 東京第一運転所大井支所

125形9500番台

　試作X0編成の7号車に組み込まれた車両で、1両だけが製造された。客室窓が小窓となっているほかは、125形500番台と共通の仕様で、多目的室、電話室、業務用室が設置されている。座席定員は80名。東海道新幹線の車内電話は、JR発足時点でも自動化されておらず、受話器を取って100円玉を入れると交換手につながる仕組みだった。通話できる地域は東海道・山陽新幹線の沿線都府県に限られ、埼玉県や三重県にさえかけられなかった。

　0系などでは業務用室を使って対応していた多目的室は、この形式で初めて専用の設備が設けられた。座席を手前に引き出し、窓下に折りたたまれたマットを倒すと簡易ベッドになる。

125形9700番台

　試作X0編成の11号車に組み込まれた車両で、こちらも1両だけが製造された。窓の大きさ以外、量産車の700番台とほぼ仕様は同じである。バリアフリーに対応しており、多目的室のほか、車椅子対応トイレを設置。客室も、東京方の2列が2＋2シートとなって、C席の位置に車椅子固定スペースが設けられている。

　この試作編成16両は、1985(昭和60)年3月に完成して同年10月1日から営業運転を開始。翌年に窓以外を量産型と同一仕様とする改造を受けてX1編成となった。そして、JRが発足した1987(昭和62)年春、「交通公社の時刻表4月号」の表紙を飾るのである。その後1999(平成11)年まで活躍した。

100系

222-16 1986（昭和61）年8月28日 仙台新幹線第一運転所

200系
雪と山に強い、ハイスペック新幹線

東北・上越新幹線用車両。先頭車形状は一見0系に似ているが、豪雪・山岳地帯を走るため、アルミ車体、ボディマウント構造、高出力電動機など様々な新技術を投入した国鉄末期の名車。東北・上越路を33年にわたって走り続けた。

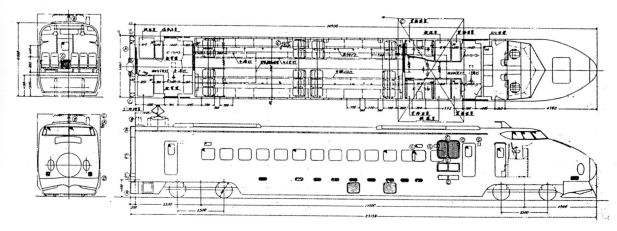

200系

222形0番台

　東北・上越新幹線は豪雪・寒冷地を経由するため、軌道上に雪を溶かすスプリンクラーなどを設置しただけでなく、車両側にも数多くの耐寒・耐雪対策が施された。車体が床下機器までをすっぽりと覆うボディマウント構造を採用し、車体全体を着雪しにくいよう平滑化。前頭部のスカートには大型のスノウプラウが取り付けられた。塗色も、ベースは0系と同じクリーム10号だが、帯は緑色14号を採用して青色20号の0系と差別化している。車体構造は0系の鋼製に対し、軽量化のためアルミニウム合金製だ。勾配区間が多いため、主電動機は、0系の180kWを上回る出力230kWのMT201形を搭載。国鉄時代は12両編成の全車が電動車となった。

　222形は、盛岡・新潟方の先頭車で、パンタグラフ、主変圧器、主整流装置、電動空気圧縮機などを装備している。0系の22形に相当する車両だが、雪切室などを備えるため定員は少なく、11列55名。乗降扉は前後に2カ所あり、トイレ・洗面所は装備していない。座席は0系2000番台に準じた簡易リクライニングシートで、2人掛けのD・E席は回転できたが、3人掛けのA・B・C席は6番と7番を境に背中合わせに固定されていた。

215-5 1986(昭和61)年9月26日 仙台新幹線第一運転所

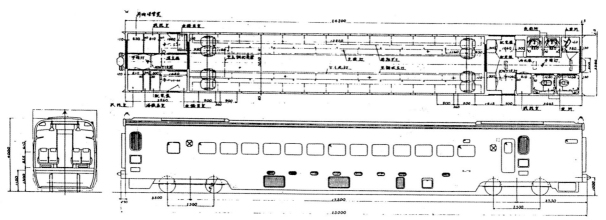

200系

215形0番台

　200系のグリーン車で、12両編成の7号車に連結されていた。6号車寄りに車掌室を設けたほか、8号車寄りに洋式トイレと和式トイレ、その反対側に男性用トイレと洗面所を2カ所設置した。

　客室はデッキと車掌室の間に設置、座席は赤を基調としたモケットの、2人掛け回転式フルリクライニングシート。シートピッチは国鉄グリーン車伝統の1,160㎜、座席列ごとに設置の客用窓の幅も普通車の720㎜に対して900㎜と、ゆったりと確保し、カーペットを床全体に敷き詰めた豪華な仕様が特徴だ。座席は13列で、定員は52名。またこの座席背面には折りたたみ式の大型テーブルが設置され、その後の新型車両にも受け継がれた。また、200系は車内チャイムに各地の民謡を採用するなど伝統文化を取り入れ、天井の照明カバーには和式模様が入っていた。

　200系のグリーン車は、現代のE5系のように、枕やレッグレスト、読書灯といった設備はなかったが、今利用したとしても十分快適な座席と雰囲気を備えていた。

　なお、12両編成だった開業時から一等車を2両連結していた東海道新幹線と異なり、グリーン車は1両しか連結されなかった。

225-45 1986(昭和61)年11月13日 仙台新幹線第一運転所

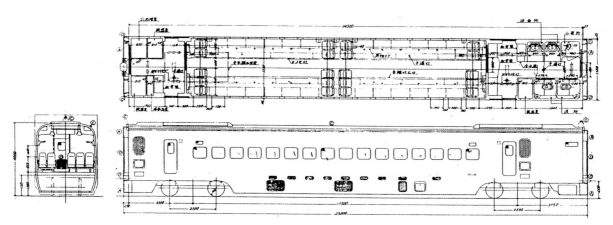

200系

225形0番台

　3・11号車に連結された普通車で、定員は80名である。また5号車には、4号車寄りに売店のある400番台を連結し、こちらの定員は2列少ない70名であった。3列シートは、0番台では客室中央の8・9番を境に、400番台は7・8番を境に背中合わせに座席の向きを固定しており、角度を調節しづらい背ずりと共に、登場当時から乗客からの評判は良くなかった。

　200系の奇数形式は、CS47形制御装置を装備しており、電圧を連続的に任意に変化させることでスムーズな加速ができるサイリスタバーニア位相制御を採用。ブレーキもATC（列車自動制御装置）による自動制御のほか、車輪とレールとの粘着係数に応じて、連続的かつなめらかに制御できるチョッパ式発電ブレーキ併用電気指令式空気ブレーキが採用され、スムーズな乗り心地を実現していた。雪による空転や滑走が起こりやすいため、台車には増粘着踏面清掃子を採用。主電動機は連続した上り勾配に対応するため、230kWにパワーアップしたMT201形となっている。

　225形をはじめ、奇数形式車両の盛岡・新潟方には和式トイレ2カ所と男性用トイレ1カ所、洗面台2カ所が用意されていた。

226-23 1986（昭和61）年9月26日 仙台新幹線第一運転所

226形0番台

　2・4・6・8号車に連結された普通車で、トイレを装備せず定員は95名と、200系中最大である。0系の26形2200番台の105名よりも少ないのは、226形が車体の前後に雪切室を設けたためである。200系はJR化後に登場した車両を除き全車電動車だったため、主電動機の雪害対策として各車両に雪切室を設けていた。このため、0系と比較すると、どの形式も定員が少なかった。

　シートピッチは980mm。これは現在の上越新幹線E2系や、山形新幹線E3系などと同じ。3列席は回転できず、10・11番を境に背中合わせに固定されていた。

　パンタグラフは、下枠交差式のPS202形を1基装備、主変圧器はシリコン油を採用した50Hz用のTM202形、主整流器はサイリスタダイオード混合ブリッジ方式のRS202形である。空調設備は暖房機能も備えたAU82形を車体の前後に2基搭載していた。

237-16 1986(昭和61)年8月28日 仙台新幹線第一運転所

200系

237形 0番台

　東北・上越新幹線には食堂車は用意されなかったが、普通車合造の半車ビュフェである237形が用意され、やや盛岡・新潟寄りの9号車に連結された。

　普通車は車椅子対応で定員は28名、3列シートは盛岡・新潟向きに固定されていた。うち2列は車椅子固定装置が付いており、車椅子対応トイレも設置されている。

　ビュフェは、0系の37形に準じた設計で立ち席のみ14人ぶんのカウンターが用意された。ビュフェの営業は、東北新幹線は日本食堂が、上越新幹線は日本食堂と聚楽が担当し、上越新幹線では天ぷらそばなども提供された。公衆電話も設置され、プッシュホンによって全国に直接かけられるようになった。

　全車JRに承継されたが、その後は短編成化なども進んでビュフェの営業は縮小し、36両中16両が普通車に改造、残った車両も2002（平成14)年までに廃車となった。

221-1001　1986（昭和61）年11月13日　仙台新幹線第一運転所

221形1000番台

　1983（昭和58）年11月に増備されたグループで、東北・上越新幹線の運転最高速度を210km/hから240km/hへと引き上げるための措置が取られている。0番台の編成はE編成と呼ばれたが、240km/h運転に対応した1000番台の編成名は、新たにF編成と呼称された。「E」は「East」、つまり東を走る新幹線を表し、「F」は「Fast」、より速い新幹線を表していたと言われる。

　運転室側のデッキと客室の間に業務用室を設置し、トイレと洗面所も備えている221形1000番台は、0番台と同様定員が45名だったが、製造開始翌年には定員を増やした1500番台が登場したため、3両のみで製造が打ち切られている。なお0番台のE編成も、36編成中7編成が240km/h運転に対応する改造が行われてF編成に変更された。しかし車号の変更は行われず、編成番号はF50番台として区別された。

226-1086 1986（昭和61）年8月28日 仙台新幹線第一運転所

226形1000番台

　240km/h運転に対応して登場した1000番台の、パンタグラフを搭載した中間車である。240km/h運転にあたって出力の向上などは行われなかったが、騒音対策が必要とされた。そこで車両間に特高圧引通線を設け、従来のパンタグラフ6基から、2基だけで走行できるよう対処された。この引通線は連結部で見ることができた。

　このほか、車両間の外幌が裾部、屋根部に伸びたことも特徴で、車両との段差を減らし、高速運転時の風切り音を低減した。こうした考え方は、E5系、あるいはN700系など現在活躍している最新車両でも採用されている。そのほかは0番台と同一仕様で、定員も変更はなかった。なおこの1000番台は1500番台と合わせて12両編成21本が製造され、226形1000番台は105両が製造された。E編成とともに全車JR東日本に承継。2013（平成25）まで活躍した。

222-1515 1986（昭和61）年8月28日 仙台新幹線第一運転所

221形 1500番台

　東京方の1号車。1500番台は、東北新幹線上野～大宮間が開業した1985（昭和60）年3月改正に合わせて、1984（昭和59）年6月から翌年6月にかけて18両が製造された車両だ。200系の先頭車は、運転室側のデッキと客室の間に業務用室があり、特に221形はトイレ・洗面所も備えていたため、座席定員が45名と非常に少なかった。そこで、業務用室のレイアウトを変更して客席スペースを1列ぶん増やしている。定員は5名増えて50名となった。この車両と編成を組む12号車の222形1500番台も同様の変更が実施されたため、こちらも60名と、5名増えている。一方で中間車は、こうした設計変更がなかったため1500番台は存在せず、1000番台が継続して増備されている。定員増によって客用窓が1つ増えたことはすぐに判別できるが、業務用室の設計変更は、写真からはなかなか識別できない。

225-1419　1986（昭和61）年8月28日　仙台新幹線第一運転所

221-2002　1987（昭和62）年3月24日　上野駅

225形1400番台

　225形400番台の240km/h運転対応バージョン。5号車に連結され、盛岡・新潟方にトイレと洗面所が、大宮方には車販準備室と売店が設置されていた。このため客室はやや狭く、座席は14列で定員は70名。売店スペースは、実質的には車内販売の基地として使われていた期間が長い。

　1400番台は1983（昭和58）年から1985（昭和60）年にかけて21両を製造。36両が製造された400番台と合わせて57両が活躍した。JR発足時には、全車がJR東日本に承継。編成短縮に伴い1992（平成4）年に3両が電話室と車椅子対応の改造工事を受け、460番台となった。晩年は10両編成の3号車に組み込まれ、200系が引退した2015（平成27）年まで活躍した。

221形2000番台

　100系に準拠したスタイルで、「シャークノーズ」と呼ばれたロングノーズが特徴。国鉄分割民営化目前の1987（昭和62）年3月に2両が登場している。業務用室を撤去して客室空間を広げ、シートピッチを拡大した。定員は1500番台と同じ50名を確保し、3列席も回転可能となった。JR承継後には、二階建てグリーン車を連結した16編成の先頭車として活躍した。

　なお、JR発足後は225形を改造した200番台も登場。こちらはシートピッチを980mmのまま3列シートも回転できるようにしたため、通常は背ずりが少し前に傾いた状態になっており、後ろに倒さないと座れなかった。倒してもいささか窮屈で、「苦心は伝わってきたが」という印象の車両であった。

200系

922-16 1986(昭和61)年12月10日 東京第一運転所

新幹線試験車

922形 16

　山陽新幹線岡山-博多間の開業を半年後に控えた1974(昭和49)年10月に登場した新幹線電気軌道総合試験車で、軌道試験車の921形1両と電気試験車の922形6両を合わせた7両編成を組む。それまでは、開業前の走行実験に使われた1000形B編成を改造して使用していたが、この編成からは当時の営業列車と同等の最高速度である210km/hで走行しながら、地上の電気設備や軌道の状態を同時に測定できるようになった。

　写真の922-16は東京方の制御電動車。走行用1基と測定用のパンタグラフを1基を搭載して、車両に電気を供給するトロリ線の摩耗状況を測定するほか、測定された各種の数値を図表に記すためのデータ処理室も設けられた。廃車は2001(平成13)年10月。

925-16 1986(昭和61)年11月13日 仙台新幹線第一運転所

925形 16

　東北・上越新幹線用の電気軌道総合試験車で、盛岡・新潟寄りに連結される制御電動車。パンタグラフと接触するトロリ線(架線)の摩耗状況の測定を担当する。

　東海道・山陽新幹線で使用された922-16に搭載された白熱灯の光式測定装置は、仕組み上夜間しか測定できずに不便であった。そこで、新たにレーザー光を利用したレーザ式トロリ摩耗測定装置が開発され、925-6とこの車両に搭載されている。

　写真の925-16は、元は東北・上越新幹線向けの試作電車である962-6で、東北・上越新幹線開業後の1983(昭和58)年1月に改造された。962形は当初から電気軌道総合試験車への転用が考えられ、962-6は1978(昭和53)年12月の新製時から測定装置などを搭載していた。925-11〜15、921-41と共に2003(平成15)年1月まで用いられた。

921-41 1986(昭和61)年11月13日 仙台新幹線第一運転所

921形 41

　東北・上越新幹線用の電気軌道総合試験車を構成する軌道試験車。軌間、水準(左右レールの高さの差)、高低(レールの長手方向の上下の変位)、通り(レールの長手方向の左右の変位)の各狂い、平面性、輪重、横圧(車輪とレールの間に働く横方向の力)、車両動揺加速度などの各種測定を行う。7両編成の電気軌道総合試験車の、5号車の位置に連結され、他の6両の車体がアルミニウム合金製で全長25,000㎜(先頭車は25,150㎜)の電動車であるのに対し、鋼製で全長17,500㎜の付随車である。台車は通常2基だが、この車両は測定用を含めて3基を装着しており、中間車ながら特徴的な姿をしていた。

　写真の921-41は1982(昭和57)年に新製された車両で、962形新幹線試作電車から改造の925-11～16に組み込まれ、2003(平成15)年1月に廃車になるまで使用された。

961-1　1986(昭和61)年9月26日　仙台新幹線第一運転所

961形

食堂車や寝台車を試作した高速試験車

東北・上越新幹線の開業を見据えて、1973(昭和48)年7月に試作された車両。最高速度時速260km/h、50・60Hzの双方に対応、耐寒耐雪構造を備える。1990(平成2)年まで在籍していた。

961形1

　博多・東京(東北新幹線)方の制御電動車。アルミニウム合金製の車体をもち、軽量化を目的に幅680mmの小窓がずらりと並ぶ。客室には普通車用として2列＋2列の座席がシートピッチ1000mmで設置される予定だった。ATOMIC(Automatic Train Operation by MIni Computer)という自動運転システムの試験が行われ、運転や機器の作動状況の情報も表示可能。1990(平成2)年に引退し、JR東日本新幹線総合車両センターに保存されている。

961-3 1986（昭和61）年9月26日 仙台新幹線第一運転所

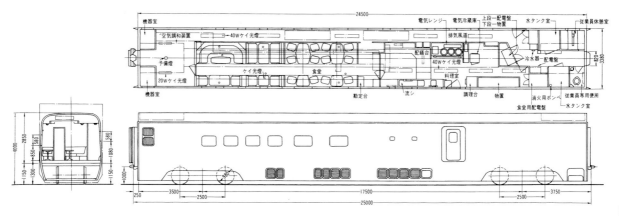

961形 3

　961形で最も注目の車両はこの961-3と次のページで紹介する961-4だ。961-3は前位に食堂、後位に厨房を備えた食堂車の電動車である。961形が新製された当時、新幹線の供食設備はビュフェしか存在しなかった。しかし、新幹線網の拡大によって乗車時間が長くなり、車内できちんとした食事をとる必要性が高まり、食堂車が試作された。

　在来線より400mmほど広い車体幅を活かし、山側に幅700mmの側廊下を設置。食堂内は落ち着いた雰囲気になった。

　全長8,750mmの食堂は、4人掛けと2人掛けのテーブルが通路両側に4組並ぶ。一番奥の1組は円形ソファを置いたパブ風で、今日のJR各社の観光列車のようだ。その手前の1組もソファ風となっている。厨房は14系寝台客車のオシ14形を基本に設計され、長さは11,680mmである。

　新幹線の食堂車は1974（昭和49）年4月に0系の36形として量産された。36形では食堂が11,196mm、厨房が6,975mmと961-3とは両者の比率が逆転し、客席は全7組となったが、側廊下や食堂のテーブル配置に変化はない。ソファ風の席も、手直しをしたうえで採用された。

961-4 1986(昭和61)年9月26日 仙台新幹線第一運転所

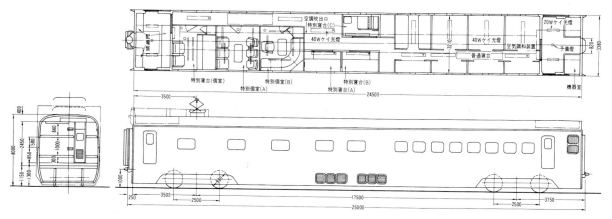

961形 4

　全国新幹線整備計画の進展に伴い、新幹線電車にも寝台車が必要になると考えた国鉄は、1974(昭和49)年1月に961-4の車内を改装し、寝台車を試作した。客室は博多寄りの前位から特別寝台(個室)1室、特別個室A・B各1室の計2室、特別寝台A〜C各1区画の計3区画、普通寝台1区画が配置された。

　特別寝台は長さ2,352.5mm、幅2,460mmの個室で、二段ベッドとソファーとが設置された。寝台特急「北斗星」の「ロイヤル」を一回り大きくしたサイズだ。特別個室も、広さはA・Bとも長さ2,355mm、幅2,460mmで、6人程度までの利用を可能としていた。座席はAがソファー、Bは1人掛けだ。

　特別寝台は3室それぞれ少しずつ内装が異なり、A、Bは長さ1,987.5mm、幅1,125mmの空間に二段ベッドを配置し、同Cは長さ1,947.5mm、幅1,225mmの空間を持つ1人用の個室だ。普通寝台は、当時在来線で営業を始めたばかりの二段寝台を採用した。在来線のB寝台のような横方向だけでなく、海側には通路を挟んでレール方向にも寝台を配置した。

　今日まで新幹線に営業用寝台車は登場していない。しかし、特別個室は100系やJR各社に登場した個室寝台に影響を与えた。

417

主要諸元表

車種の選択は、本文と同様、日本国有鉄道最後の日である1987(昭和62)年3月31日時点で車籍を有していた車両を基本としている。原則として基本番台を取り上げ、必要に応じて各種番台・改造車を選択した。

製造後の変更もできる限り収録し、冷房装置取付後の自重もカッコ内に記載した。座席の改良、冷房装置取付時期などは省略した。

スペースの都合上、表記を省略した用語や、便宜上使用した用語がある。

座席形式：
セミクロス＝4人掛けボックスシートとロングシートとの合造
回転＝回転させて方向転換するシート
ベンチ＝リクライニング機構のないシート
転換式＝背もたれを前後に動かすことによって方向転換するシート
ボックス＝向かい合わせ4人掛け固定シート
リク＝リクライニングシート

		101系						
形式		クモハ101	クモハ100	モハ101	モハ100	クハ101	サハ101	サハ100
番台・車号		0	0	0	0	0	0	0
対応周波数		—	—	—	—	—	—	—
車体構造		普通鋼						
定員(座席)		136 (48)	144 (54)			136 (48)	144 (54)	
座席形式		ロングシート						
最大寸法	全長 (mm)	20,000	20,000	20,000	20,000	20,000	20,000	20,000
	幅 (mm)	2,870	2,870	2,870	2,870	2,870	2,870	2,870
	高さ (mm)	3,939 (4,090)	4,134	3,939 (4,090)	4,134	3,939	3,939	3,939 (4,090)
自重 (t)		38.3 (40.0)	36.2 (43.6)	37.4 (39.6)	35.3 (42.3)	29.5	28.6 (31.6)	28.7 (32.0)
台車形式		DT21				DT21T [TR64]		
主電動機		MT46A				—	—	—
出力 (kW)		100 × 4						
歯車比		15：84=5.6				—	—	—
制御方式		直並列、弱め界磁、発電ブレーキ、総括制御				—	—	—
制御装置		CS12	—	CS12	—	—	—	—
制動装置		SELD 発電併用電磁直通						
主変圧器		—	—	—	—	—	—	—
主整流器		—	—	—	—	—	—	—
電動発電装置 容量 (kVA)		MH81-DM44 5	(MH135-DM92) 160	MH81-DM44 5	—	—	—	—
電動空気圧縮機 容量 (ℓ/min)		—	MH80-C1000 1000 × 1	—	MH80-C1000 1000 × 1	—	—	—
集電装置		—	PS16	—	PS16	—	—	—
ドア数		両引戸 (1300) × 4						
空調装置		(AU75B × 1)				—	(AU75B × 1)	
トイレ		—	—	—	—	—	—	—
製造開始年		1958年	1958年	1958年	1958年	1960年	1958年	1958年
備考		( )：冷房改造	( )：冷房改造	( )：冷房改造	( )：冷房改造	[ ]：昭58〜	[ ]：101〜 ( )：冷房改造	[ ]：101〜 ( )：冷房改造

103系							105系	
クモハ103	クモハ102	モハ103	モハ102	クハ103	クハ103	サハ103	クモハ105	クハ104
0	1200	0	0	0	269〜	0	0	0
—	—	—	—	—	—	—	—	—
普通鋼							普通鋼	
136 (48)			144 (54)	136 (48)		144 (54)	138 (56)	142/138 (58/56)
20,000	20,000	20,000	20,000	20,000	20,000	20,000	ロングシート	
2,870	2,870	2,870	2,870	2,870	2,870	2,870	20,000	20,000
4,134	3,939	4,134	3,939 (4,090)	3,939 (4,090)	4,090	3,939 (4,090)	2,870	2,870
38.4 (40.8)	37.2	37.3 (39.7)	35.2 (40.2)	27.4 (29.2)	32.9 (31.6)	25.8 (28.4)	4,200 (4,140)	3,935
		DT33		TR201			42.5	29.8
		MT55		—	—	—	DT33	TR212
		110×4					MT55	—
		15:91=6.07		—	—	—	110×4	
直並列、弱め界磁、発電ブレーキ、総括制御				—	—	—	15:91=6.07	—
							永久直列、弱め界磁、発電ブレーキ、総括制御	—
CS20	—	CS20A〜D	—	—	—	—	CS51	—
		SELD 発電併用電磁直通					SELD 発電併用電磁直通	
—	—	—	—	—	—	—	—	—
—	—	—	—	—	—	—	—	—
—	MH124-DM77 10	—	MH97A-DM61A (MH135-DM92) 20 (160)	—	—	—	MH97A-DM61A 20	—
—	MH113A-C2000M 2000×1	—	MH113-C2000M 2000×1	—	—	—	MH80A-C1000 1000×1	—
PS16	—	PS16	—	—	—	—	PS16	—
		両引戸 (1300)×4					両引戸 (1300)×3	
(AU75B×1)		(AU75A/B×1)		(AU75B×1)	AU75B×1	(AU75B×1)	—	—
1965年	1970年	1964年	1964年	1964年	1974年	1964年	1981年	1981年
( ):冷房改造		( ):冷房改造	( ):冷房改造	( ):冷房改造	高運転台	( ):冷房改造	( ):モハ105改造の28〜	( ):サハ105改造の26〜

		111・113系								115系	
形式		モハ111	モハ110	モハ113	モハ112	クハ111	サハ111	サロ111	サロ110	クモハ115	モハ115
番台・車号		0	0	0	0	300	0	0	0	0	0
対応周波数		—	—	—	—	—	—	—	—	—	—
車体構造		普通鋼								普通鋼	
定員（座席）		128 (76)				116 (64)	124 (72)	64 (64)	60 (60)	120 (68)	128 (76)
座席形式		セミクロス						回転（ベンチ）		セミクロス	
最大寸法	全長（mm）	20,000	20,000	20,000	20,000	20,000	20,000	20,000	20,000	20,000	20,000
	幅（mm）	2,950	2,950	2,950	2,950	2,950	2,950	2,950	2,950	2,950	2,950
	高さ（mm）	3,919	3,960	3,919 (4,077)	4,140	3,919 (4,077)	3,919 (4,077)	4,088	4,088	3,915 (4,077)	3,899 (4,077)
自重（t）		37.3	36.9	36.9 (38.6)	35.8 (38.4)	29.9 (31.9)	29.2 (32.8)	32.4	32.0	39.1 (40.4)	37.4 (38.7)
台車形式		DT21B				TR62		TR59A	TR59/A	DT21B	
主電動機 出力（kW）		MT46A 100 × 4		MT54B/D 120 × 4		—	—	—	—	MT54 120 × 4	MT54/B 120 × 4
歯車比		17:82=4.82				—	—	—	—	17:82=4.82	
制御方式		直並列、弱め界磁、発電ブレーキ、総括制御				—	—	—	—	直並列、弱め界磁、発電ブレーキ、総括制御	
制御装置		CS12A	—	CS12D〜G	—	—	—	—	—	CS15B	CS15A/B/C/E/
制動装置		SED/SELD 発電併用電磁直通				SELD 発電併用電磁直通				SED 発電併用電磁直通	
主変圧器		—	—	—	—	—	—	—	—	—	—
主整流器		—	—	—	—	—	—	—	—	—	—
電動発電装置 容量（kVA）		—	MH97-DM61 20	—	MH97A-DM61A (MH135-DM92) 20 (160)	—	—	—	—	—	—
電動空気圧縮機 容量（ℓ/min）		—	MH80-C1000 1000 × 1	—	MH80A-C1000 1000 × 1	—	—	—	—	—	—
集電装置		—	PS16	—	PS16	—	—	—	—	—	—
ドア数		両引戸 (1300) × 3						片引戸 (700) × 2		両引戸 (1300) × 3	
空調装置		—	—	—	(AU75B × 1)			AU13E × 6		(AU75C × 1)	—
トイレ		—	—	—	—		和 × 1			—	—
製造開始年		1962 年	1962 年	1964 年	1964 年	1962 年	1969 年	1962 年	1966 年改	1966 年	1963 年
備考				（ ）：冷房車	（ ）：冷房車	（ ）：冷房車	（ ）：5		サロ 153 改造	（ ）：冷房車	（ ）：冷房車

	115系						117系			
モハ114	クハ115	サハ115	モハ115	モハ114	クハ115	モハ117	モハ116	クハ117	クハ116
0	0	0	3000	3000	3000	0/100	0/100	0	0
—	—	—	—	—	—	—	—	—	—
普通鋼						普通鋼			
128 (76)	116 (64)	124 (72)	124 (68)		96 (57)	72 (64)	68/66 (60/58)	66 (58)
セミクロス			転換式			転換式			
20,000	20,000	20,000	20,000	20,000	20,000	20,000	20,000	20,000	20,000
2,950	2,950	2,950	2,950	2,950	2,950	2,949	2,950	2,950	2,950
4,140	3,915 (4,077)	3,899 (4,077)	4,077	4,140	4,077	4,140	4,066	4,066	4,066
36.7 (41.7)	29.8 (31.6)	27.7 (28.5)	41.3	44.3	35.0	43.7 (40.1)	43.1	35.9 (36.3)	36.8 (36.3)
DT21B	TR62	TR62A	DT21B		TR62A	DT32H (DT50B)			TR69K
MT54/B	—	—	MT54D		—	MT54D		—	—
120 × 4			120 × 4			120 × 4			
17:82=4.82	—	—	17:82=4.82		—	17:82=4.82		—	—
直並列、弱め界磁、勾配抑速発電ブレーキ、総括制御	—	—	直並列、弱め界磁、勾配抑速発電ブレーキ、総括制御		—	直並列、弱め界磁、発電ブレーキ、総括制御		—	—
—	—	—	CS15F	—	—	CS43A	—	—	—
SED 発電併用電磁直通			SELD 発電併用電磁直通			SELD 発電併用電磁直通			
—	—	—	—	—	—	—	—	—	—
—	—	—	—	—	—	—	—	—	—
MH97A-DM61A (MH135-DM92)	—	—	—	DM106	—	—	MH135-DM92	—	—
20 (160)				190			160		
MH80A-C100	—	—	MH113B-C2000M	MH80A-C1000	—	MH113B-C2000M	—	—
1000 × 2				2000 × 1	1000 × 1		2000 × 1		
PS16	—	—	—	PS16	—	PS16J	—	—	—
両引戸 (1300) × 3			両引戸 (1300) × 2			両引戸 (1300) × 2			
(AU75C × 1)			AU75G × 1			AU75B/G × 1		AU75B × 1	
—	和 × 1		—		和 × 1	—		— (和 × 1)	和 × 1
1963 年	1963 年	1966 年	1982 年	1982 年	1982 年	1979 年	1979 年	1979 年	1979 年
( ):冷房車	( ):冷房車	( ):冷房車				( ):100 番台	( ):100 番台	( ):22〜	( ):22〜

		119系		121系		123系		157系	165系
形式		クモハ119	クハ118	クモハ121	クハ120	クモハ123		クロ157	クモハ165
番台・車号		0	0	0	0	1〜4	2〜6	0	0
対応周波数		—	—	—	—	—	—	—	—
車体構造		普通鋼		普通鋼		普通鋼		普通鋼	普通鋼
定員（座席）		110 (60)	104 (58)	118 (62)		126 (54)〔114 (48)〕	122 (49)	16 (16)	76 (76)
座席形式		セミクロス		セミクロス		—	—	特別仕様	ボックス
最大寸法	全長（mm）	20,000	20,000	20,000	20,000	20,000	20,000	20,000	20,400
	幅（mm）	2,870	2,870	2,800	2,800	2,870	2,870	2,950	2,950
	高さ（mm）	4,000	3,674 (4,077)	4,140	3,670	4,140	3,915 (4,077)	4,074	4,088
自重（t）		43.6 (44.9)	30.3 (34.7)	43.6 (44.9)	28.0	45.6 (46.6)	43.3 (44.0)	38.2	38.4 (39.8)
台車形式		DT33	DT21T	DT33	DT21T	DT21C		TR59	DT32/B
主電動機 出力（kW）		MT55A 110 × 4	—	MT55A 110 × 4	—	MT57 100 × 4		—	MT54/B 120 × 4
歯車比		15：91=6.07	—	15：91=6.07	—	17：82=4.82		—	19：80=4.21
制御方式		永久直列、弱め界磁、発電ブレーキ、総括制御		永久直列、弱め界磁、発電ブレーキ		直並列、弱め界磁、勾配抑速発電ブレーキ		直並列、弱め界磁、勾配抑速発電ブレーキ、総括制御	直並列、弱め界磁、勾配抑速発電ブレーキ、総括制御
制御装置		CS54A	—	CS51A	—	CS44		—	CS15A〜C
制動装置		SELD発電併用電磁直通		電気指令式空気ブレーキ		SELD発電併用電磁直通		SELD発電併用電磁直通	SELD発電併用電磁直通
主変圧器		—	—	—	—	—	—	—	—
主整流器		—	—	—	—	—	—	—	—
電動発電装置 容量（kVA）		MH97A-DM61A 20	(MH94-DM58) (70)	MH94-DM58 70	—	MH81-DM44〔MH94-DM58〕 5〔70〕	MH94-DM58 70	MH102-DM66+MH101-DM65 18 + 40	—
電動空気圧縮機 容量（ℓ/min）		MH81A-C1000 1000 × 1		MH81A-C1000 1000 × 1		MH81A-C1000 1000 × 1		—	—
集電装置		PS23A	—	PS16		PS23A	PS16	—	—
ドア数		両引戸 (1300) × 3		両引戸 (1300) × 3		両引戸 (1300) × 2	両引戸 (1300) × 3	折戸 (940) × 2	片引戸 (1000) × 2
空調装置		(AU75E × 1)		AU79A × 1		〔AU75G〕	AU75E	AU12 × 2	(AU13E × 5) *
トイレ		—	和 × 1					洋 × 1	和 × 1
製造開始年		1982年	1982年	1986年	1986年	1986年改	1987年改	1960年	1963年
備考		( )：冷房車	( )：冷房車			〔 〕：2〜4 クモニ143から改造	( )：6 クモニ143から改造		* AU12Sもあり ( )：冷房車

	165系				167系			169系		
	モハ165	モハ164	サハ165	サロ165	モハ167	モハ166	クハ167	クモハ169	モハ168	クハ169
	0	0	0	0	0	0	0	0	0	0
	—	—	—	—	—	—	—	—	—	—
	普通鋼				普通鋼			普通鋼		
	84 (84)			48 (48)	84 (84)		76 (76)	76 (76)	84 (84)	76 (76)
	ボックス	ボックス	ボックス	回転（リク）	ボックス			ボックス		
	20,000	20,000	20,400	20,000	20,000	20,000	20,400	20,400	20,000	20,400
	2,950	2,950	2,950	2,950	2,950	2,950	2,950	2,950	2,950	2,950
	4,090	4,140	4,088	4,090	4,088	4,090	4,088	4,088	4,140	4,088
	36.7 (不明)	36.3 (38.1)	33.6	35.2	36.7	38.1	34.6	39.8 (40.4)	36.5 (37.5)	30.6 (34.0)
	DT32/B		TR69/B		DT32B		TR69B	DT32B		TR69B
	MT54/B				MT54B			MT54B		
	120 × 4				120 × 4			120 × 4		
	19:80=4.21		—	—	19:80=4.21		—	19:80=4.21		—
	直並列、弱め界磁、勾配抑速発電ブレーキ、総括制御				直並列、弱め界磁、勾配抑速発電ブレーキ、総括制御			直並列、弱め界磁、勾配抑速発電ブレーキ、総括制御		
	CS15A〜C	—	—	—	CS15B	—	—	CS15D	—	—
	SELD 発電併用電磁直通				SELD 発電併用電磁直通			SELD 発電併用電磁直通		
	—	—	—	—	—	—	—	—	—	—
	—	—	—	—	—	—	—	—	—	—
	—	MH97A-DM61 20	—	MH122A-DM76A 20	—	MH97A-DM61 20	MH128-DM85 110	—	MH97A-DM61 20	MH128-DM85 110
	—	MH80A-C1000* 1000 × 1	—	—	—	MH80A-C1000 1000 × 2	—	—	MH113A-C2000M 2000 × 1	—
	—	PS16/PS23	—	—	—	PS16	—	—	PS16/PS23A	—
	片引戸 (1000) × 2		片引戸 (700) × 2		片引戸 (700) × 2			片引戸 (1000) × 2		
	(AU13E × 6)	(AU72 × 1)	AU13E × 6	(AU12S × 6)*	AU13E × 6	AU72 × 1	AU13E × 5	(AU13E × 5)	(AU72 × 1)	(AU13E × 5)
	和 × 1				和 × 1			和 × 1		
	1963 年	1963 年	1969 年	1963 年	1965 年	1965 年	1965 年	1968 年	1968 年	1968 年
	( ):冷房車	*MH113A-C2000 (2000 × 1) もあり ( ):冷房車		*130〜の空調は AU13E × 5 ( ):冷房車				( ):冷房車	( ):冷房車	( ):冷房車

	形式	モハ183	モハ183	モハ182	モハ182	クハ183	クハ183	クハ182	サロ183	サロ183
	番台・車号	0	1000	0	1000	0	1000	0	0	1000
	対応周波数	—	—	—	—	—	—	—	—	—
	車体構造	普通鋼									
	定員（座席）	68 (68)				58 (58)	58 (58)	56 (56)	48 (48)	48 (48)
	座席形式	回転（簡易リクライニング）								回転（リクライニング)	
最大寸法	全長 (mm)	20,500	20,500	20,500	20,500	21,000	21,000	21,000	20,000	20,000
	幅 (mm)	2,949	2,949	2,949	2,949	2,949	2,949	2,949	2,949	2,949
	高さ (mm)	3,991	3,917	3,917	3,991	3,945	3,945	3,945	3,917	3,917
	自重 (t)	42.5	41.7	35.2	39.0	41.5	42.3	42.4	31.8	32.4
	台車形式	DT32E	DT32I	DT32E	DT32I	TR69E/H	TR69I	TR69H	TR69E/I	TR69I
	主電動機 出力（kW）	MT54D 120×4				—	—	—	—	—
	歯車比	22：77=3.50				—	—	—	—	—
	制御方式	直並列、弱め界磁、勾配抑速発電ブレーキ、総括制御				—	—	—	—	—
	制御装置	CS15H	CS15F	—	—	—	—	—	—	—
	制動装置	SELD 発電併用電磁直通									
	主変圧器	—	—	—	—	—	—	—	—	—
	主整流器	—	—	—	—	—	—	—	—	—
	電動発電装置 容量（kVA）	—	—	—	—	MH129-DM88 210		—	—	—
	電動空気圧縮機 容量（ℓ/min）	—	—	—	—	MH113B-C2000 2000		—	—	—
	集電装置	PS16H×2	—	—	PS16J×2	—	—	—	—	—
	ドア数	片引戸 (700)×2								片引戸 (700)×1	
	空調装置	AU71A×1	AU13EN×5		AU71A×1	AU13EN×5			AU13EN×5	
	トイレ	和×1									
	製造開始年	1972年	1974年	1972年	1974年	1972年	1974年	1985年改	1972年	1974年
	備考					貫通型	非貫通型	サハ481改造		

183系

185系					189系				
モハ185	モハ184	クハ185	サハ185	サロ185	モハ189	モハ188	クハ189	クハ188	サロ189
0	0	0	0	0	0	0	0	100	0
—	—	—	—	—	—	—	—	—	—
普通鋼					普通鋼				
68 (68)	64 (64)	56 (56)	68 (68)	48 (48)	68 (68)	68 (68)	56 (56)	56 (56)	48 (48)
転換式				回転（リク）	回転（簡易リクライニング）				回転（リク）
20,000	20,000	20,000	20,000	20,000	20,500	20,500	20,500	20,500	20,500
2,946	2,946	2,946	2,946	2,946	2,949	2,949	2,949	2,949	2,949
4,140	4,066	4,066	4,066	4,066	3,917	3,991	3,945	3,945	3,917
43.2	44.1	36.2	33.6	34.6	42.2	39.0	42.6	45.1	33.7
DT32H		TR69K			DT32I		TR69I		
MT54D		—	—	—	MT54D		—	—	—
120×4					120×4				
17：82=4.82		—	—	—	22：77=3.50		—	—	—
直並列、弱め界磁、発電ブレーキ、総括制御		—	—	—	直並列、弱め界磁、勾配抑速発電ブレーキ、総括制御		—	—	—
CS43A	—	—	—	—	CS15G	—	—	—	—
SELD 発電併用電磁直通					SELD 発電併用電磁直通				
—	—	—	—	—	—	—	—	—	—
—	—	—	—	—	—	—	—	—	—
—	DM106	—	—	—	—	—	MH129-DM88		—
	190						210		
—	MH113B-C2000M	—	—	—	—	—	MH113B-C2000		—
	2000×1						2000		
PS16H	—	—	—	—	—	PS16J×2	—	—	—
片引戸 (1000)×2				片引戸 (1000)×1	片引戸 (700)×2				片引戸 (700)×1
AU75C×1					AU13EN×5	AU71A×1	AU13EN×5		
和×1					和×1				
1981年	1981年	1981年	1981年	1981年	1975年	1975年	1975年	1986年改	1975年
								サハ481改造	

425

		201系							203系	
形式		クモハ200	モハ201	モハ200	モハ200	クハ201	クハ200	サハ201	モハ203	モハ202
番台・車号		900	0/900	900	0	0/900	0	0	0/100	0/100
対応周波数		—	—	—	—	—	—	—	—	—
車体構造		普通鋼							アルミ	
定員（座席）		136 (48)	144 (54)			136 (48)		144 (54)	144 (54)	
座席形式		ロングシート							ロングシート	
最大寸法	全長 (mm)	20,200	20,000	20,000	20,000	20,000 (20,200)	20,000	20,000	20,000	20,000
	幅 (mm)	2,850	2,850	2,850	2,850	2,850	2,850	2,850	2,800	2,800
	高さ (mm)	4,060	4,140	4,060	4,086	4,086	4,086	4086 (4,066)	4,140	4,086
自重 (t)		45.0	41.7 (44.5)	43.9	41.5	32.6 (34.9)	32.6	30.6 (33.6)	35.9 (32.3)	36.1 (32.9)
台車形式		DT46X/Y	DT46/X/Y	DT46X/Y	DT46	TR231/X/Y	TR231	TR231/X	DT46A/DT50A	
主電動機 出力 (kW)		MT60 150×4				—	—	—	MT60 150×4	
歯車比		15：84=5.6				—	—	—	14：85=6.07	
制御方式		電機子チョッパ制御、弱め界磁総括制御、電力回生ブレーキ				—	—	—	電機子チョッパ制御、弱め界磁総括制御、電力回生ブレーキ	
制御装置		—	CH1/CS53	—	—	—	—	—	CH1A/CS53A	—
制動装置		SELR 電力回生ブレーキ併用電磁直通							SELR 電力回生ブレーキ併用電磁直通	
主変圧器		—	—	—	—	—	—	—	—	—
主整流器		—	—	—	—	—	—	—	—	—
電動発電装置 容量 (kVA)		MH135-DM92 160	—	MH135-DM92 160	DM106 190	—	—	—	DM106 190	—
電動空気圧縮機 容量 (ℓ/min)		MH113-C2000M 2000	—	MH113-C2000M 2000	MH3075A-C2000M 2000	—	—	—	MH3075A-C2000M 2000×1	—
集電装置		—	PS21	—	—	—	—	—	PS21	—
ドア数		両引戸 (1300)×4							両引戸 (1300)×4	
空調装置		AU75B×1	AU75B/D/G×1	AU75B×1	AU75B/D/G×1			AU75D/G×1	AU75G×1	
トイレ		—	—	—	—	—	—	—	—	—
製造開始年		1979年	1979年	1979年	1979年	1979年	1979年	1981年	1982年	1982年
備考			（）：900番台			（）：900番台			（）：100番台	（）：100番台

203系			205系				207系		
クハ203	クハ202	サハ203	モハ205	モハ204	クハ205	サハ205	モハ207	モハ206	クハ207
0/100	0/100	0/100	0	0	0	0	900	900	900
—	アルミ		—	ステンレス			—	ステンレス	
136 (48)		144 (54)	144 (54)		136 (48)	144 (54)	144 (54)		136 (48)
	ロングシート			ロングシート				ロングシート	
20,000	20,000	20,000	20,000	20,000	20,000	20,000	20,000	20,000	20,000
2,800	2,800	2,800	2,800	2,800	2,800	2,800	2,800	2,800	2,800
4,086	4,086	4,086	4,140	4,086	4,086	4,086	4,140	4,086	4,086
27.0 (24.2)	26.5 (23.9)	24.4 (21.9)	32.6	34.4	25.4	23.6	32.5	34.5	25.9
TR234/TR235A			DT50/D		TR235		DT50E		TR235F
—	—	—	MT61 120×4	—	—	—	MT63 150×4	—	—
—	—	—	14:85=6.07	—	—	—	14:99=7.07	—	—
—	—	—	直並列、界磁添加励磁制御、 電力回生ブレーキ	—	—	—	VVVFインバータ制御、 電力回生ブレーキ	—	—
—	—	—	CS57	—	—	—	HS58/SC20	SC20	—
SELR電力回生ブレーキ併用電磁直通			電力回生ブレーキ併用電気指令式空気ブレーキ				電力回生ブレーキ併用電気指令式空気ブレーキ		
—	—	—	—	—	—	—	—	—	—
—	—	—	—	DM106 190	—	—	—	DM106 190	—
—	—	—	MH3075A-C2000M 2000×1	—	—	—	MH3075A-C2000M 2000×1	—	—
—	—	—	PS21	—	—	—	PS21	—	—
	両引戸 (1300)×4			両引戸 (1300)×4				両引戸 (1300)×4	
	AU75G×1			AU75G×1				AU75G×1	
—	—	—	—	—	—	—	—	—	—
1982年	1982年	1982年	1985年	1985年	1985年	1985年	1986年	1986年	1986年
( ):100番台	( ):100番台	( ):100番台	HS52励磁装置を 装備 13〜は1枚窓	13〜は1枚窓	5〜は1枚窓	9〜は1枚窓	SC20形 インバータ装備	SC20形 インバータ装備	

	形式	クモハ211	モハ211	モハ210	クハ211	クハ210	サハ211	サロ211	サロ210	モハ211	モハ210
		\multicolumn{10}{c}{211系}									
	番台・車号	0/1000	0	0/1000	0	0/1000	0/1000	0	0	2000	2000/3000
	対応周波数	—	—	—	—	—	—	—	—	—	—
	車体構造	ステンレス									
	定員(座席)	118 (62)	132 (68)		108 (59)		132 (68)	64 (64)		156 (64)	
	座席形式	セミクロス						回転(簡易リクライニング)		ロングシート	
最大寸法	全長(mm)	20,000	20,000	20,000	20,000	20,000	20,000	20,000	20,000	20,000	20,000
	幅(mm)	2,950	2,950	2,950	2,950	2,950	2,950	2,950	2,950	2,950	2,950
	高さ(mm)	4,140	4,140	3,670	3,670	3,670	3,670	3,670	3,670	4,140	3,670
	自重(t)	35.1 (35.3)	43.3 (44.0)	34.9 (35.1)	26.4	26.4 (26.6)	24.1 (24.3)	24.8	24.8	33.4	34.7 (34.9)
	台車形式	DT50B			TR235B					DT50B	
	主電動機	MT61		—	—	—	—	—	—	MT61	—
	出力(kW)	120 × 4								120 × 4	
	歯車比	16:83=5.19		—	—	—	—	—	—	16:83=5.19	—
	制御方式	直並列、界磁添加励磁、勾配抑速電力回生ブレーキ		—	—	—	—	—	—	直並列、界磁添加励磁、勾配抑速電力回生ブレーキ	—
	制御装置	CS57A	CS57A	—	—	—	—	—	—	CS57A	—
	制動装置	電力回生併用電気指令式空気ブレーキ									
	主変圧器	—	—	—	—	—	—	—	—	—	—
	主整流器	—	—	—	—	—	—	—	—	—	—
	電動発電装置 容量(kVA)	—	—	DM106 190	—	—	—	—	—	—	DM106 190
	電動空気圧縮機 容量(ℓ/min)	—	—	MH3058A-C2000M 2000 × 1	—	—	—	—	—	—	MH3058A-C2000M 2000 × 1
	集電装置	PS21	—	—	—	—	—	—	—	PS21	—
	ドア数	両引戸(1300) × 3						片引戸(700) × 2		両引戸(1300) × 3	
	空調装置	AU75G × 1			AU75G × 1			AU71D × 1		AU75G × 1	
	トイレ	—	—	—	和 × 1			和 × 1		—	—
	製造開始年	1985年	1985年	1985年	1985年	1985年	1985年	1985年	1985年	1985年	1985年
	備考	( ):1000番台 HS54励磁装置付	HS54励磁装置付	( ):1000番台		( ):1000番台	( ):1000番台				( ):3000番台

213系			301系					
クモハ213	クハ212	サハ213	クモハ300	モハ301	モハ300	クハ301	サハ301	
0	0	0	0	0	0	0	100	
—	—	—	—	—	—	—	—	
ステンレス			アルミ					
68 (60)	66 (52)	72 (64)	136 (48)	144 (54)		136 (48)	144 (54)	
転換式			ロングシート					
20,000	20,000	20,000	20,000	20,000	20,000	20,000	20,000	
2,950	2,950	2,950	2,800	2,800	2,800	2,800	2,800	
4,140	3,670	3,670	4,086	4,145	3,995	3,995	3,995	
37.3	24.1	26.5	31.6	33.3	30.0	22.8	23.1 (22.8)	
DT50B	TR235B		DT34			TR204	DT34T	
MT64	—	—	MT55			—	—	
120 × 4			110 × 4					
16:83=5.19	—	—	15:91=6.07			—	—	
直並列、界磁添加励磁、 配抑速電力回生ブレーキ	—	—	直並列、弱め界磁、発電ブレーキ、総括制御			—	—	
CS59	—	—	—	CS20B	—	—	—	
電力回生併用電気指令式空気ブレーキ			SELD 発電併用電磁直通					
—	—	—	—	—	—	—	—	
—	—	—	—	—	—	—	—	
SC22 (インバータ)	—	—	MH124-DM77	—	MH124-DM77	—	—	
110			10		10			
MH3075A-C2000M	—	—	MH113A-C2000M	—	MH113A-C2000M	—	—	
2000 × 1			2000 × 1		2000 × 1			
PS21	—	—	—	PS21	—	—	—	
両引戸 (1300) × 2			両引戸 (1300) × 4					
AU79A × 1			—	—	—	—	—	
—	和 × 1	—	—	—	—	—	—	
1987 年	1987 年	1987 年	1966 年	1966 年	1966 年	1966 年	1982 年改	
							モハ301・300 改造 ( ):102	

形式	381系					401・403系				
	クモハ381	モハ381	モハ380	クハ381	サロ381	モハ401	モハ400	モハ403	モハ402	クハ401
番台・車号	0	0	0	0	0	0	0	0	0	0
対応周波数	—	—	—	—	—	50Hz				
車体構造	アルミ					普通鋼				
定員（座席）	64（64）	76（76）	72（72）	60（60）	48（48）	128（76）				116（64）
座席形式	回転（簡易リクライニング）			回転（リク）		セミクロス				
最大寸法 全長(mm)	21,300	21,300	21,300	21,300	21,300	20,000	20,000	20,000	20,000	20,000
幅(mm)	2,950	2,950	2,950	2,950	2,950	2,950	2,950	2,950	2,950	2,950
高さ(mm)	3,954	3,540	3,960	3,945	3,540	3,919	4,241（4,161）	3,919（4,077）	4,161	3,919
自重(t)	40.4	36.1	35.1	34.0	35.0	37.5	41.9	37.5（38.7）	42.2（44.1）	29.3
台車形式	DT42			TR224		DT21B				TR64/TR62
主電動機 出力(kW)	MT58A 120×4			—	—	MT46B 100×4		MT54/B 120×4		—
歯車比	19:80=4.21			—	—	17:82=4.82				—
制御方式	直並列、弱め界磁、勾配抑速発電ブレーキ、総括制御			—	—	直並列、弱め界磁、発電ブレーキ、総括制御				—
制御装置	CS43	—	—	—	—	CS12B	—	CS12D/F		—
制動装置	SELD 発電併用電磁直通					SED/SELD 発電併用電磁直通				
主変圧器	—	—	—	—	—	—	TM2A/2B	—	TM9B	—
主整流器	—	—	—	—	—	—	RS1A/2A	—	RS22A	—
電動発電装置 容量(kVA)	—	—	—	—	—	—	MH97A-DM61A 20	—	—	—
電動空気圧縮機 容量(ℓ/min)	—	—	—	—	—	—	—	—	—	MH80-C1000 1000×1
集電装置	—	—	—	PS16I	—	—	PS16B	—	PS16B	—
ドア数	片引戸(700)×1					両引戸(1300)×3				
空調装置	AU33×1					—	—	(AU75B×1)		—
トイレ	—	—	—	和×1		—	—	—	—	和×1
製造開始年	1986年改	1973年	1973年	1973年	1973年	1960年	1960年	1966年	1966年	1960年
備考	モハ381改造					26はモハ403-1改造(1980年)	( ):12〜	( ):冷房改造	( ):冷房改造	23〜:高運転台 ( ):47〜

421・423系				415系						
モハ421	モハ420	モハ423	クハ421	モハ415	モハ414	クハ411	クハ411	サハ411	モハ414	クハ411
0	0	0	0	0	0	300	100	0	1500	1500
60Hz				50Hz/60Hz						
普通鋼				普通鋼					ステンレス	ステンレス
128 (96)	128 (72)		116 (64)	128 (76)	144 (54)	144 (54)		120 (72)	156 (64)	
セミクロス				セミクロス					ロングシート	
20,000	20,000	20,000	20,000	20,000	20,000	20,000	20,000	20,000	20,000	20,000
2,950	2,950	2,950	2,950	2,950	2,950	2,950	2,950	2,950	2,950	2,950
3,919	4,241 (4,161)	3,919	3,919	3,919	4,161	4,077	4,077	4,077	4,140	4,086
37.5	41.9	38.7 (39.7)	29.6 (31.9)	37.5	45.6	33.6 (39.6)	34.0	38.4	37.3	26.0
DT21B			TR64/TR62	DT21B		TR62			DT50C	TR235C
MT46B 100×4	—	MT54/B 120×4	—	MT54B/D 120×4		—	—	—	MT54D 120×4	—
17:82=4.82			—	17:82=4.82		—	—	—	17:82=4.82	—
直並列、弱め界磁、発電ブレーキ、総括制御				直並列、弱め界磁、発電ブレーキ、総括制御		—	—	—	直並列、弱め界磁、発電ブレーキ、総括制御	
CS12B	—	CS12D/F	—	CS12G	—	—	—	—		
SED/SELD 発電併用電磁直通				SED/SELD 発電併用電磁直通						
—	TM3	—	—	—	TM14 (TM20)	—	—	—	TM20A	—
—	RS3/4A	—	—	—	RS22A	—	—	—	RS49	—
—	MH97A-DM61A 20	—	—	MH97A-DM61A (—) 20	—	(MH135-DM92) (160)	—	—	MH135-DM92 160	—
—	—	—	MH80-C1000 1000×1	—	—	MH80-C1000 1000×1		—	—	—
—	PS16B	—	—	—	PS16B	—	—	—	PS16B	—
両引戸 (1300)×3				両引戸 (1300)×3						
—	—	(KK AU2X)		—		AU75B×1			AU75G×1	
—	—	—	和×1	—	—	—	—	—	—	—
1960年	1960年	1965年	1960年	1971年	1971年	1971年	1978年	1984年	1986年	1986年
	( ):15〜	( ):九州仕様 冷房改造	21〜:高運転台 ( ):九州仕様 冷房改造	( ):4〜	( ):4〜	( ):偶数番号車				

		451・453系					455系				471系	
形式		クモハ451	クモハ453	モハ450	モハ452	クハ451	クモハ455	モハ454	クハ455	サハ455	クモハ471	モハ470
番台・車号		0	0	0	0	0	0	0	0	0	0	0
対応周波数		50Hz					50Hz				60Hz	
車体構造		普通鋼					普通鋼				普通鋼	
定員（座席）		76 (76)	84 (84)			76 (76)	76/100 (70) *	84/112 (78) *	76/100 (70) *	84 (84)	76 (76)	84 (84)
座席形式		ボックス					ボックス				ボックス	
最大寸法	全長 (mm)	20,000	20,000	20,000	20,000	20,000	20,400	20,000	20,400	20,000	20,000	20,000
	幅 (mm)	2,950	2,950	2,950	2,950	2,950	2,950	2,950	2,950	2,950	2,950	2,950
	高さ (mm)	4,088	4,088	4,088	4,088	4,088	4,088	4,090	4,088	4,088	4,088	4,088
自重 (t)		42.5	42.7	42.9	43.0	34.0	42.5	43.4	34.2	33.1	41.6	43.1
台車形式		DT32	DT32/B	DT32	DT32/B	TR69/B	DT32B	TR212	TR69B		DT32	
主電動機 出力 (kW)		MT46B 100 × 4		—		—	MT54/B 120 × 4		—		MT46B 100 × 4	—
歯車比		19：80=4.21				—	19：80=4.21		—		19：80=4.21	
制御方式		直並列、弱め界磁、発電ブレーキ、総括制御					直並列、弱め界磁、勾配抑速発電ブレーキ、総括制御				直並列、弱め界磁、発電ブレーキ、総括制御	
制御装置		CS15		—		—	CS15B/C	—			CS15	—
制動装置		SELD 発電併用電磁直通					SED/SELD 発電併用電磁直通				SELD 発電併用電磁直通	
主変圧器		—	—	TM2B	TM9	—	—	TM9	—	—	—	TM3B
主整流器		—	—	RS5	RS5A,22	—	—	RS22,22A	—	—	—	RS7,8
電動発電装置 容量 (kVA)		MH97-DM61 20	—	—		MH128-DM85 110	MH97-DM61 20	—	MH128-DM85 110		MH97-DM61 20	—
電動空気圧縮機 容量 (ℓ/min)		MH80A-C1000 1000 × 1	—	—		—	—	MH113A-C2000M 2000 × 1	—	—	MH80A-C1000 1000 × 1	—
集電装置		—	—	PS16B	PS16B	—	—	PS16B/D	—	—	—	PS16B
ドア数		片引戸 (1000) × 2					片引戸 (1000) × 2				片引戸 (1000) × 2	
空調装置		AU13E × 5		AU72 × 1		AU13E × 5	AU72 × 1	AU13E × 5	AU72 × 1	AU13E × 6	AU13E × 5	AU72 × 1
トイレ		和 × 1					和 × 1				和 × 1	
製造開始年		1962年	1963年	1962年	1963年	1963年	1965年	1965年	1965年	1971年	1962年	1962年
備考							*近郊化改造後	*近郊化改造後	*近郊化改造後			

475系		457系		413系			417系		
クモハ475	モハ474	クモハ457	モハ456	クモハ413	モハ412	クハ412	クモハ417	モハ416	クハ416
0	0	0	0	0/100	0/100	0	0	0	0
60Hz		50Hz/60Hz		50Hz/60Hz			50Hz/60Hz		
普通鋼		普通鋼		普通鋼			普通鋼		
76/100 (70) *	84/112 (78) *	76/100 (70) *	84/112 (78) *	118 (65)	132 (72)	116 (65)	108 (61)	124 (68)	107 (60)
ボックス		ボックス		セミクロス			セミクロス		
20,400	20,000	20,400	20,000	20,000	20,000	20,000	20,000	20,000	20,000
2,950	2,950	2,950	2,950	2,950	2,950	2,950	2,950	2,950	2,950
4,088	4,090	4,088	4,090	4,088	4,088	4,088	3,899	4,190	3,899
42.5	42.5	42.1	43.4	40.5	44.5	36.0	43.2	43.7	40.6
DT32B	TR201	DT32B	TR201	DT32/B	DT32/B	TR69/B	DT32F		TR69J
MT54/B		MT54B		MT54B/D		—	MT54E		—
120×4		120×4		120×4			120×4		
19:80=4.21		19:80=4.21		19:80=4.21		—	17:82=4.82		
直並列、弱め界磁、勾配抑速発電ブレーキ、総括制御		直並列、弱め界磁、勾配抑速発電ブレーキ、総括制御		直並列、弱め界磁、発電ブレーキ、総括制御		—	直並列、弱め界磁、SELD発電ブレーキ併用電磁直通、総括制御		
CS15B/C		CS15C/F		CS15		—	CS43A	—	—
SED/SELD発電併用電磁直通		SED/SELD発電併用電磁直通		SELD発電併用電磁直通			SELD発電併用電磁直通		
—	TM10	—	TM14	—	TM20	—	—	TM20	—
	RS22,22A		RS22A		RS22A			RS45B	
MH97-DM61 20	—	MH97-DM61 20	—	—	MH128-DM85 110	—	—	—	MH135-DM92 160
—	—	—	—	MH80-C1000 1000×1	—	—	—	—	MH113B-C2000M 2000×1
—	PS16B/D	—	PS16D	—	PS16H	—	—	PS16H	—
片引戸 (1000)×2		片引戸 (1000)×2		両引戸 (1300)×2			両引戸 (1300)×2		
AU13E×5	AU72×1	AU13E×5	AU72×1	AU13E×6	—	AU13E×6	—	—	—
和×1	—	和×1	—	—	—	和×1	—	—	和×1
1965年	1965年	1969年	1969年	1986年改	1986年改	1986年改	1978年	1978年	1978年
*近郊化改造後	*近郊化改造後	*近郊化改造後	*近郊化改造後	クモハ471、クモハ473改造	モハ470、モハ472改造	クハ451、サハ451改造			

433

形式	419系				481・483・485系					
	クモハ419	モハ418	クハ419	クハ418	クハ481	クハ481	クハ481	クハ481	クハ480	クロハ481
番台・車号	0	0	0	0	0	200	300	1000	0	200
対応周波数	50Hz/60Hz				50Hz/60Hz					
車体構造	普通鋼				普通鋼					
定員（座席）	110 (66)	118 (66)	70 (44)	84 (54)	56 (56)	64 (64)		43 (43)		G9＋普44
座席形式	セミクロス				回転（ベンチ）	回転（簡易リクライニング）		回転（ベンチ）		回転（リク＋ベン）
最大寸法 全長（mm）	20,000	20,000	20,000	20,000	21,600	21,000	21,250	21,250	21,250	21,000
幅（mm）	2,950	2,950	2,950	2,950	2,949	2,945	2,949	2,949	2,949	2,949
高さ（mm）	4,235	4,235	4,240	4,235	3,880	3,945	3,945	3,945	3,945	3,945
自重（t）	41.7	45.0	45.5	41.3	38.6	42.0	43.9	44.7	34.7	42.0
台車形式	DT32K		TR69D		TR69A	TR69E	TR69E/H	TR69H	TR69A/E	TR69E
主電動機 出力（kW）	MT54B 120×4	—	—	—	—	—	—	—	—	—
歯車比	15：86=5.60	—	—	—	—	—	—	—	—	—
制御方式	直並列、弱め界磁、勾配抑速 発電ブレーキ、総括制御	—	—	—	—	—	—	—	—	—
制御装置	CS15E	—	—	—	—	—	—	—	—	—
制動装置	SELD 発電併用電磁直通				SED/SELD 発電併用電磁直通			SELD 発電併用電磁直通	SED/SELD 発電併用電磁直通	
主変圧器	—	TM20	—	—	—	—	—	—	—	—
主整流器	—	RS22A	—	—	—	—	—	—	—	—
電動発電装置 容量（kVA）	—	—	MH93A-DM55A 150	MH128-DM85 110	MH93A-DM53A/ MH93B-DM55B 150	MH129A-DM88A 210		MH135-DM92 160	—	MH129A-DM88... 210
電動空気圧縮機 容量（ℓ/min）	—	—	MH113A-C2000 2000×1	MH113B-C2000M 2000×1	MH92B-C3000A 3000×1	MH113B-C2000MA 2000×1			—	MH113B-C2000M 2000×1
集電装置	—	PS16H	—	—	—	—	—	—	—	—
ドア数	折戸（700）×2				片引戸（700）×1					
空調装置	AU15×9	AU15×4, AU41A×3	AU15×8	AU15×9	AU12×5	AU13E×5	AU13EN×5		AU12 (AU13E) ×5	AU13E×5
トイレ	—		和×1		和×1					
製造開始年	1984年改	1984年改	1984年改	1984年改	1964年	1972年	1974年	1976年	1984年改	1986年改
備考	モハネ583改造	モハネ582改造	クハネ581改造	サハネ581改造	貫通型	非貫通型		サハ481改造 ( )：9〜	クハ481-200番台改造	

481・483・485系											
クロ481	クロ481	クロ480	サハ481	サロ481	サロ481	サシ481	モハ483	モハ482	クモハ485	クモハ485
0	100	0	0	0	500	0	0	0	0	1000
50Hz/60Hz							50Hz		50Hz/60Hz	
普通鋼										
36 (36)	44 (44)	72 (72)	48 (48)	28 (28)	40 (40)	72 (72)	64 (64)	56 (56)	68 (68)
回転(リクライニング)		回転(ベンチ)	回転(リクライニング)			食堂	回転(ベンチ)			回転(簡易リク)
21,100	21,100	21,250	20,500	20,500	20,500	20,500	20,500	20,500	21,250	21,250
2,949	2,949	2,949	2,949	2,949	2,949	2,949	2,949	2,949	2,949	2,949
3,880	3,880	3,945	3,895 (3,917)	3,895	3,917	3,895 (3,917)	3,895	4,141	3,945	3,945
38.8	42.5	35.4	30.5	31.7	35.8	37.9 (38.1)	40.2	45.0	46.7	44.0
TR69A	TR69E	TR69E/H	TR69A/E/H	TR69E	TR69A/E		DT32A		DT32E	
—	—	—	—	—	—	—	MT54 120×4		MT54D 120×4	
							22:77=3.50			
—	—	—	—	—	—	—	直並列、弱め界磁、勾配抑速発電ブレーキ、総括制御			
—	—	—	—	—	—	—	CS15B		CS15F	
SED/SELD 発電併用電磁直通									SELD 発電併用電磁直通	
—	—	—	—	—	—	—	TM9	—	—	—
—	—	—	—	—	—	—	—	RS22A	—	—
MH93B-DM55B	MH129A-DM88A	—	—	—	—	MH94-DM58	—	—	MH128-DM85	—
150	210					70			110	
MH92B-C3000A	MH113B-C2000M	—	—	—	—	—	—	—	MH113B-C2000MA	—
3000×1	2000×1								2000×1	
—	—	—	—	—	—	—	PS16D×2		—	
—	—	片引戸(700)×1				—	—		片引戸(700)×1	
AU12×4	AU12×4 (AU13E×5)	AU12 (AU13E) ×5	AU12×6 (AU13E×5)	AU13E×5	AU12×5	AU12×6	AU12・AU41 各3		AU13E×5	AU13EN×5
和×1				和洋×各1		従業員用×1	和×1		—	—
1968年	1971年	1984年改	1976年	1964年	1985年改	1964年	1965年	1965年	1984年改	1986年改
		サロ481改造 ( ):5~	( ):15~	( ):52~	サシ481改造	( ):40~			モハ485改造	モハ485-1000番台改造

435

	481・483・485系						489系			
形式	モハ485	モハ485	モハ485	モハ484	モハ484	モハ484	モハ489	モハ488	クハ489	クハ489
番台・車号	0	1000	1500	0	200	1000	0	0	0/500	200
対応周波数	50Hz/60Hz						50Hz/60Hz			
車体構造	普通鋼						普通鋼			
定員（座席）	72 (72)			64 (64)	72 (72)	64 (64)	72 (72)	64 (64)	56 (56)	64 (64)
座席形式	回転（ベンチ）	回転（簡易リクライニング）		回転（ベンチ）	回転（簡易リク）		回転（ベンチ/簡易リク）			
最大寸法 全長（mm）	20,500	20,500	20,500	20,500	20,500	20,500	20,500	20,500	21,600	21,000
幅（mm）	2,949	2,949	2,949	2,949	2,949	2,949	2,949	2,949	2,949	2,945
高さ（mm）	3,895	3,895	3,895	4,141	4,241	4,241	3,895	4,141	3,880	3,945
自重（t）	39.6	41.7	41.5	45.0	44.1	47.3	40.3	45.3	40.2	40.8
台車形式	DT32A/E	DT32E	DT32G	DT32A/E	DT32E	DE32E	DT32A	DT32A	TR69A/E	TR69E
主電動機 出力（kW）	MT54B/D 120×4	MT54 120×4	MT54 120×4	MT54B/D 120×4	MT54B/D 120×4	MT54B/D 120×4	MT54B 120×4		—	—
歯車比	22:77=3.50						22:77=3.50		—	—
制御方式	直並列、弱め界磁、勾配抑速発電ブレーキ、総括制御						直並列、弱め界磁、勾配抑速発電ブレーキ、総括制御		—	—
制御装置	CS15E/F	CS15F	CS15F	—	—	—	CS15G		—	—
制動装置	SED/SELD発電併用電磁直通	SELD発電併用電磁直通		SED/SELD発電併用電磁直通			SELD発電併用電磁直通		SED/SELD発電併用電磁直通	
主変圧器	—	—	—	TM14	TM14/20		—	TM14/20	—	—
主整流器	—	—	—	RS22A	RS40A/RS22A	RS22A,45A	—	RS22A	—	—
電動発電装置 容量（kVA）	—	—	—	—	—	—	—	—	MH129-DM88 210	MH129A-DM88 210
電動空気圧縮機 容量（ℓ/min）	—	—	—	—	—	—	—	—	MH92B-C3000A 3000×1	MH113B-C2000M 2000×1
集電装置	—	—	—	PS16H×2			—	PS16H×2	—	—
ドア数	片引戸(700)×1						片引戸(700)×1			
空調装置	AU12×6 〔AU13E×5〕	AU13EN×5		AU12・AU41 各3	AU71×1		AU12×6 (AU13E×5)	AU12・AU41 各3	AU12×5	AU13E×5
トイレ	和×1						和×1	和×1	和×1	和×1
製造開始年	1968年	1976年	1974年	1968年	1972年	1976年	1971年	1971年	1971年	1972年
備考	( )：44〜 〔 〕：97〜			〔 〕：62〜 50〜：主整流器はRS40A	309〜簡易リク		( )：16〜	7〜：主整流器 RS40A		貫通型

	489系			581・583系						
サハ 489	サロ 489	サシ 489	モハネ 583	モハネ 582	クハネ 581	クハネ 583	サハネ 581	サロネ 581	サロ 581
0	0	0	0	0	0	0	0	0	0/100
50Hz/60Hz			50Hz/60Hz						
普通鋼			普通鋼						
72 (72)	48 (48)	40 (40)	席 60/ 寝 45	席 44/ 寝 33	席 52/ 寝 39	席 60/ 寝 45	寝 30	48 (48)
回転 (ベンチ/簡易リク)	回転 (リク)	食堂	ボックス / 電車三段寝台						回転 (リク)
20,500	20,500	20,500	20,500	20,500	21,000	21,000	20,500	20,500	20,500
2,949	2,949	2,949	2,950	2,950	2,950	2,950	2,950	2,950	2,950
3,917	3,895	3,895 (3,917)	4,235	4,235	4,240	4,240	4,235	4,235	4,235
30.5	31.7	37.9 (38.1)	43.7	48.3	44.4	44.8	35.3	35.3	32.7
TR69E	TR69A	TR69A/E	DT32D		TR69D	TR69D	TR69D	TR69D	TR69D
—	—	—	MT54B	—	—	—	—	—	—
—	—	—	120 × 4	—	—	—	—	—	—
—	—	—	22:77=3.50	—	—	—	—	—	—
—	—	—	直並列、弱め界磁、勾配抑速 発電ブレーキ、総括制御	—	—	—	—	—	—
—	—	—	CS15E	—	—	—	—	—	—
SED/SELD 発電併用電磁直通			SED/SELD 発電併用電磁直通						
—	—	—	—	TM20	—	—	—	—	—
—	—	—	—	RS22A	—	—	—	—	—
—	—	MH94-DM58 70	—	—	MH93A-DM55A 150	MH129A-DM88A 210	—	—	—
(MH113B-C2000MA) 2000 × 1	—	—	—	—	MH113B-C2000MA 2000 × 1		—	—	—
—	—	—	—	PS16H × 2	—	—	—	—	—
片引戸 (700) ×1			折戸 (700) ×1						
AU13E (AU13EN) × 5	AU12 × 6	AU12 × 5	AU15 × 9	AU15 × 4・ AU41 × 3	AU15 × 8		AU15 × 9		
和×1	和洋×各1	従業員用×1	和×2						和洋×各1
1973 年	1971 年	1971 年	1968 年	1968 年	1967 年	1970 年	1967 年	1985 年改	1968 年
( ) : 5〜		( ) : 5〜						サハネ581改造	

437

形式		711系			713系		715系			
		クモハ711	モハ711	クハ711	クモハ713	クハ712	モハ715	モハ714	クハ715	クハ714
番台・車号		900	0	0	900	900	0	0	0	0
対応周波数		50Hz			60Hz		60Hz (50Hz/60Hz*)			
車体構造		普通鋼			普通鋼		普通鋼			
定員（座席）		84 (72) /96 (68) *	96 (78) /108 (74) *	84 (72) /96 (68) *	120 (66)		128 (76)	118 (66)	70 (44)	84 (54)
座席形式		セミクロス			セミクロス		セミクロス			
最大寸法	全長 (mm)	20,000	20,000	20,000	20,000	20,000	20,000	20,000	20,000	20,000
	幅 (mm)	2,950	2,950	2,950	2,950	2,950	2,950	2,950	2,950	2,950
	高さ (mm)	4,290	3939	4,134	4,290	4,066	4,235	4,235	4,240	4,235
自重 (t)		47.7 [47.8]	38.3	36.2	44.5	34.8	41.0	44.9	44.5	39.7
台車形式		DT38X	DT38	TR208	DT21D	TR62	DT32K		TR69D	
主電動機 出力 (kW)		MT54A 150×4		—	MT61 150×4	—	MT54 120×4		—	—
歯車比		17:82=4.82			14:85=6.07		14:84=5.60			
制御方式		主電動機 1S4P 永久接続、変圧器低圧側 2分割サイリスタ連続位相、電圧制御 **		—	位相制御界磁制御 (4S1P 永久直列)	—	直並列、弱め界磁、SED または SELD 発電ブレーキ併用電磁直通、総括制御			
制御装置		CS33	CS35	—	CS55	—	CS15C	—	—	—
制動装置		SEL 電磁直通			SELR 電力回生併用電磁直通、勾配抑速電力回生		SELD 発電併用電磁直通			
主変圧器		TM33	TM13A	—	TM22	—	—	TM10	—	—
主整流器		RS29	RS35	—	RS48	—	—	RS22A	—	—
電動発電装置 容量 (kVA)		MH1046-DM81 10		—	MH1083-DM107 10	—	—	MH93A-DM55A 150	—	—
電動空気圧縮機 容量 (ℓ/min)		MH1045-C2000M 2000×1		—	—	MH1084-C2000 2000×1	—	—	MH113A-C2000 2000×1	
集電装置		PS102B (PS16G)	PS102B	—	PS101D	—	—	PS16D	—	—
ドア数		片引戸 (1000)×2			両引戸 (1300)×2		折戸 (700)×2			
空調装置		—	—	—	AU710×1		AU15×9	AU15×4, AU41A×3	AU15×8	AU15×9
トイレ		—	—	和×1	—	和×1	—	—	和×1	
製造開始年		1967年	1968年	1968年	1983年	1983年	1983年改	1983年改	1983年改	1983年改
備考		* 近郊化改造後 [ ]：902	* 近郊化改造後 ** 51～は変圧器低圧側4分割サイリスタ連続位相	* 近郊化改造後			モハネ581改造 *：1000番台	モハネ580改造 *：1000番台	クハネ581改造 *：1000番台	サハネ581改造 *：1000番台

717系				781系			
クモハ717	クモハ716	モハ716	クハ716	クモハ781	モハ781	クハ780	サハ780
0/100	200	0/100	0	0/900	0/900	0/900	0/900
50Hz/60Hz				50Hz			
普通鋼				普通鋼			
118 (65)	120 (66)	132 (72)	116 (65)	56 (56)			
セミクロス				回転（簡易リクライニング）			
20,000	20,000	20,000	20,000	20,000	20,000	20,000	20,000
2,950	2,950	2,950	2,950	2,950	2,950	2,950	2,950
4,235	4,250	4,250	4,088	3,945	3,620	4,290	4,290
40.5	43.7	41.1	36.0	48.5	46.2	45.4 (45.2)	43.1 (42.9)
DT32/B	DT33B	DT32/B	TR69/B	DT38A		TR208A	
MT54B/D 120×4			—	MT54A 120×4		—	—
19：80=4.21			—	19：80=4.21		—	—
直並列、弱め界磁、発電ブレーキ、, 総括制御			—	主変圧器2次側4分割サイリスタ連続位相制御定電流制御		—	—
CS15	—	—	—	CS48	—	—	—
SELD 発電併用電磁直通				SELD 発電併用電磁直通			
—	TM20	—	—	—	—	—	TM13D
—	RS22A	—	—	—	—	—	RS39B
—	—	—	MH128-DM85 110	MH1046-DM81A 10	—	—	—
MH80-C1000 1000×1	—	—	—	MH1045A-C2000C 2000×1	—	—	—
—	PS16B	PS16H	—	—	—	PS102B	—
両引戸 (1300)×2				片引戸 (700)×1			
AU13E×6	AU710×1	AU72×1	AU13E×6	AU78X×1			
—	—	—	和×1	—	—	和×1	
1986年改	1986年改	1986年改	1986年改	1978年	1978年	1978年	1978年
クモハ451、クモハ453改造	モハ474改造	モハ450、モハ452改造	クハ451改造			( )：901	( )：901

		直流事業用車・試験車								交直流事業用車・試験車	
形式		クモユニ 143	クモヤ 143	クモヤ 145	クモヤ 145	クモル 145	クル 144	クモヤ 193	クモヤ 192	クモヤ 443	クモヤ 442
番台・車号		0	0	0	100	0	0	0	0	0	0
対応周波数		—	—	—	—	—	—	—	—	50Hz/60Hz	
車体構造		普通鋼				普通鋼	普通鋼	普通鋼	普通鋼	普通鋼	
定員（座席）		荷重 4t + 4t（郵）	—	—	—	—	—	—	—	—	—
座席形式		—	—	—	—	—	—	—	—	—	—
最大寸法	全長（mm）	20,000	20,000	20,000	20,000	17,000	17,000	21,570	21,570	21,570	21,570
	幅（mm）	2,870	2,870	2,870	2,870	2,870	2,870	2,930	2,930	2,900	2,900
	高さ（mm）	3,980	4,100	4,100	4140 (3,980)	4,180	4,180	3,865	3,960	3,930	3,930
自重（t）		43.0	50.1	43.2	44.0	39.1	31.1	48.4	48.4	48.6	51.1
台車形式		DT21D	DT21C	DT21		DT21	DT21T	DT32J	TR69I/DT32J	DT32I	
主電動機 出力（kW）		MT57A 100×4		MT46A 100×4		MT15C 100×4	—	MT54D 120×4	MT54D 120×2	MT54D 120×4	
歯車比		17:82=4.82		15:84=5.60		25:63=2.52	—			22:77=3.5	
制御方式		直並列、弱め界磁、勾配抑速発電ブレーキ、総括制御		直並列、弱め界磁、発電ブレーキ、総括制御		直並列、弱め界磁、総括制御	—	直並列、弱め界磁、発電ブレーキ、CS15	直並列、弱め界磁、発電ブレーキ、総括制御	直並列、弱め界磁、発電ブレーキ、総括制御	
制御装置		CS44		CS50		CS49		CS15		CS15F	
制動装置		SELD 発電併用電磁直通		SED 発電併用電磁直通		SED 発電併用電磁直通		SED 発電併用電磁直通		SELD 発電併用電磁直通	
主変圧器		—	—	—		—	—	—	—	—	TM20
主整流器		—	—	—		—	—	—	—	—	RS45
電動発電装置 容量（kVA）		MH97A-DM61A 20	MH94A-DM58A 70	MH94A-DM58A 70		MH81-DM44 5	—	MH94B-DM58B 70	—	MH94A-DM58 70	
電動空気圧縮機 容量（ℓ/min）		MH80A-C1000 1000×1	MH113B-C2000M 2000×1			MH80A-C1000 1000×1	—	MH113B-C2000M 2000×1	—	MH113A-C2000M 2000×1	
集電装置		PS23A	PS16		PS16〔PS23A〕	PS16		検測用	PS16	PS96(検測用)×2	PS16H
ドア数		—	—	—	—	—	—	—	—	—	—
空調装置		—	—	—	—	—	AU13EN・AU41 各1	AU13E×3	AU41×4	AU13E×3	
トイレ		—	—	—	—	—	—	—	—	和×1	
製造開始年		1981年改	1977年	1980年改	1982年改	1980年改	1980年改	1980年	1980年	1975年	1975年
備考		101系改造	ATC付	101系改造	101系改造 （）：201交流機能付	101系改造	101系改造	ATC付	ATC付		

	交直流事業用車・試験車				交流事業用車		旧性能電車				
	クモヤ440	クモヤ441	クモヤ495	クモヤ494	クモヤ740	クモヤ740	クモニ13	クモハ40	クモハ42	クモヤ90	クモニ83
	0	0	1	1	0	50	007・011	054・074	0	000〜022	0/800
50Hz/60Hz	50Hz/60Hz	—	—	—	—	—	—	—	—	—	—
	普通鋼		普通鋼		普通鋼		半鋼		半鋼	半鋼	半鋼
—	—	—	—	—	—	—	荷重11t	128 (50)	104 (68)	—	荷重11t
—	—	—	—	—	—	—		ロングシート		—	—
20,000	20,000	20,500	20,500	20,000	20,000	17,000	20,000	20,000	20,000	20,000
2,870	2,870	2,870	2,870	2,870	2,870	2,800	2,870	2,870	2,870	2,870
4,083	4,083	4,090	4,090	4,083	4,083 (3,825)	4,179	4,179	4,179	4,200	4,140 (3,960)
49.8	29.0 (30.8)	42.6	50.8	48.9	49.7	34.4	46.2 (47.4)	46.4	47.5	48.1〜49.2
DT13	DT20A	DT37X		DT13		DT12	DT12		DT13	DT13
MT40C		MT54		MT40C		MT15B/C	MT15D/MT16	MT15C	MT40B	MT40B
142×4		120×4		142×4		100×4	100×4	100×4	142×4	142×4
23:66=2.87		22:77=3.5		23:66=2.87		25:63=2.52	25:63=2.52		23:66=2.81	23:66=2.81
直並列、弱め界磁、直列弱め界磁（交流）	直並列、総括制御	直並列、弱め界磁、発電ブレーキ、総括制御		直並列、弱め界磁、総括制御		直並列、総括制御	直並列、総括制御		直並列、弱め界磁、総括制御	直並列、弱め界磁、総括制御
CS10	CS10A	CS15F		CS10		CS5	CS5		CS 5改など	CS11など
SED発電併用電磁直通	SED発電併用電磁直通	SELD発電併用電磁直通		SED空気ブレーキ		AE電磁自動	AE電磁自動		SED空気ブレーキ	SED発電併用電磁直通
TM18	TM21	—	TM9A	TM18	—	—	—	—	—	—
RS37	RS46	—	RS45	RS37	—	—	—	—	—	—
MH49-DM28 2	MH94-DM58 70	—	MH94B-DM58B 70	MH449-DM28 2	—	MH49-DM28 2kW	MH49-DM28 2kW		MH49-DM28 2kW	MH77B-DM43B 3
—	MH92B-C3000 3000×1	—	MH113A-C2000M 2000×1	—	—	MH16B-AK3 990×1	MH16B-AK3 990		MH16B-AK3 990×1	MH16B-AK3 990×1
PS13	PS16	—	PS16B	PS13		PS11	PS11系		PS13	PS13
—	—	—	—	—	—	—	片引戸(800)×3		—	—
—	—	AU13E×1	—	—	—	—	—	—	—	—
—	—	和×1	—	—	—	—	—	—	—	—
1970年改	1976年改	1967年	1967年	1969年改	1969年改	1933年	1935年	1934年	1966年改	1965年改
モハ72改造	モハ72改造	1982年クモヤ193-51に改造	1982年クモヤ192-51に改造	モハ72から改造	モハ72から改造（ ）:53		( ):074		72系改造	72系から改造（ ）:800番台

	形式	21	21	21	22	22	22	25	25	25	25
						0系						
	番台・車号	0	1000	2000	0	1000	2000	0/500/900	200	400	700
	車体構造	普通鋼									
	定員(座席同数)	75		70	80		75	100	95	85	100
	座席形状	転換式		回転・固定リク	転換式		回転・固定リク	転換式			
最大寸法	全長(mm)	25,150	25,150	25,150	25,150	25,150	25,150	25,000	25,000	25,000	25,000
	幅(mm)	3,383	3,383	3,383	3,383	3,383	3,383	3,383	3,383	3,383	3,383
	高さ(mm)	4,325	4,325	4,325	4,490	4,490	4,490	3,975	3,975	3,975	3,975
	自重(t)	57.6 (59.1)	59.1	59.1	57.4	58.9	58.9	52.5 (54.0)	53.0	54.0 (54.5)	52.5 (54.0)
	台車形式	DT200		DT200A	DT200		DT200A	DT200			
	主電動機 出力(kW)	MT200A/B 185×4		MT200B 185×4	MT200A/B 185×4		MT200B 185×4	MT200A/B 185×4			
	歯車比	29:63=2.17									
	制御方式	低圧タップ切替、発電ブレーキ、総括制御									
	制御装置	CS21,21A/B	CS21B		—	—	—	CS21,21A/B	—	—	—
	制動装置	ATC、SEAD発電併用電磁直通									
	主変圧器	—	—	—	TM200 (201)	TM201	TM200A	—	—	—	—
	主整流器	—	—	—	RS200A (201)		RS201	—	—	—	—
	電動発電装置 容量(kVA)	20			—			20			
	電動空気圧縮機 形式 容量(ℓ/min)	—	—	—	MH1041A (B) Tc1000 1000×1	MH1041B-Tc1000 1000×1		—	—	—	—
	集電装置	—	—	—	PS200			—	—	—	—
	ドア数	片引戸(700)×2									
	空調装置	AU56/AU57×10			AU56/AU57×9			AU56/AU57×12	AU56/AU57×11		AU56/AU57×12
	トイレ	和×2			—	—	—	和×2	和洋×各1	和×2	和洋×各1
	製造開始年	1964年	1976年	1981年	1964年	1976年	1981年	1964年	1966年	1969年	1969年
	備考	( ):91〜			( ):91〜			( ):588〜		売店車 ( ):431〜	( ):591〜

0系												
25	25	25	25	26	26	26	26	26	27	15	16	16
1000	2000	2700	2900	0/500	200/700	1000	2000	2200	0	0	0	1000
普通鋼												
100	95		62	100	110	100	95	105	85	64	68	68
転換式	回転・固定 リクライニング			転換式			回転・固定 リクライニング		転換式	回転 リクライニング		
25,000	25,000	25,000	25,000	25,000	25,000	25,000	25,000	25,000	25,000	25,000	25,000	25,000
3,383	3,383	3,383	3,383	3,383	3,383	3,383	3,383	3,383	3,383	3,383	3,383	3,383
3,975	3,975	3,975	3,975	4,490	4,490	4,490	4,490	4,490	3,975	3,975	4,490	4,490
54.0	28.7 (32.0)	30.9	38.4 (40.8)	54.6 (56.1)	54.6 (56.1)	56.1	56.1	55.4	56.0	53.0 (54.5)	55.1 (56.6)	56.6
DT200A				DT200					DT200	DT200A	DT200	DT200A
MT200B				MT200A/B			MT200B			MT200A/B		MT200B
185 × 4				185 × 4			185 × 4			185 × 4		185 × 4
29:63=2.17												
低圧タップ切替、発電ブレーキ、総括制御												
CS21B				—	—	—	—	—	CS21B	CS21,21A/B	—	—
ATC、SEAD 発電併用電磁直通												
—	—	—	—	TM200 (201)					—	—	TM200 (201)	TM201
—	—	—	—	RS200A (201)					—	—	RS200A (201)	RS201
20									35	20		
—	—	—	—	MH1041A (B) Tc1000 1000 ×1	MH1041A (B) Tc1000 1000 ×1	MH1041B-Tc1000 1000 ×1			—	—	MH1041A (B) Tc1000 1000 ×1	MH1041B-Tc1000 1000 ×1
—	—	—	—			PS200			—	—		PS200
片引戸 (700) ×2									片引戸 (700) ×1 片引戸 (1050) ×1	片引戸 (700) ×1	片引戸 (700) ×2	
AU56/AU57 ×12	AU56/AU57 ×11	AU56/AU57 ×12		AU56/AU57 ×11						AU56/AU57 ×9		
和 ×2	和洋×各1		—	—	—	—	—	—	和洋×各1	和洋×各1	—	—
1976 年	1981 年	1983 年	1986 年	1964 年	1964 年	1976 年	1982 年	1982 年	1974 年	1964 年	1964 年	1976 年
		37-2500 番台 改造	( ):501～		( ):865～					( ):44～	( ):91～		

		0系					100系					
形式		16	36	35	37	37	123	124	125	125	125	116
番台・車号		2000	0	0	1000	1500	0/9000	0/9000	0/9000	500/9500	700/9700	0/9000
車体構造		普通鋼							普通鋼			
定員（座席同数）		68	42	40	43	38	65	75	90	80	73	68
座席形状		回転リクライニング	食堂		転換式				回転リクライニング			
最大寸法	全長 (mm)	25,000	25,000	25,000	25,000	25,000	26,050	26,050	25,000	25,000	25,000	25,000
	幅 (mm)	3,383	3,383	3,383	3,383	3,383	3,383	3,383	3,383	3,383	3,383	3,383
	高さ (mm)	4,490	4,490	3,975	3,975	3,975	4,115	4,115	4,115	4,115	4,115	4,490
自重 (t)		56.6	56.6	56.0	57.5	57.5	49.0 (51.9)	46.1 (51.9)	52.3 (59.2)	52.9 (59.3)	52.7 (58.6)	54.3 (59.0)
台車形式		DT200A	DT200		DT200A	DT200A	TR7000		DT202			
主電動機 出力 (kW)		MT200B 185×4	MT200A/B 185×4	MT200A 185×4	MT200B 185×4		—	—	MT202 230×4			
歯車比		29:63=2.17					—	—	27:65=2.41			
制御方式		低圧タップ切替、発電ブレーキ、総括制御					—	—	等4分割サイリスタ連続位相制御、発電ブレーキ			
制御装置		—	—	—	—	—	—	—	SC56			
制動装置		ATC、SEAD発電併用電磁直通					ATC、渦電流併用電気指令式空気		ATC、発電併用電気指令式空気			
主変圧器		TM200A	TM200 (201)	—	—	—	—	—	—	—	—	TM203
主整流器		—	RS200A (201)	—	—	—	—	—	—	—	—	RS203
電動発電装置 容量 (kVA)		—	—	20	20	20	20	—	—	—	—	SC202/A
電動空気圧縮機 形式 容量 (ℓ/min)		MH1041B-Tc1000 1000×1	MH1041A (B) Tc1000 1000×1	—	—	—	—	—	—	—	—	MH1091-TC20 2063×1
集電装置		PS200	—	—	—	—	—	—	—	—	—	PS202
ドア数		片引戸(700)×2		—	片引戸(700)×1	片引戸(1,050)×1			片引戸(700)×2		片引戸(1,050)×1 700)×1	片引戸(700)×
空調装置		AU56/AU57 ×9	AU56/AU57 ×10	AU56/AU57×11			AU83×2					
トイレ		—	—	和×2	和×2	和×2	和×2	—	和×2		和洋×各1	—
備考		1981年	1974年	1964年	1976年	1979年	1985年 ():9000番台	1985年 ():9000番台	1985年 ():9000番台	1985年 ():9500番台	1985年 ():9700番台	1985年 ():9000番台

100系		200系										
149	168	221	221	221	222	222	222	225	225	226	215	237
0/9000	0/9000	0/1000	1500	2000	0/1000	1500	2000	0/1000	400/1400	0/1000	0/1000	0/1000
普通鋼		アルミ										
56	44	45	50		55	60	60	80	70	95	52	
転リクライニング・個室	食堂	回転・固定リクライニング	回転リクライニング		回転・固定リクライニング						回転リクライニング	回転・固定リクライニング
25,000	25,000	25,150	25,150	25,150	25,150	25,150	25,150	25,150	25,150	25,150	25,150	25,150
3,383	3,383	3,385	3,385	3,385	3,385	3,385	3,385	3,385	3,385	3,385	3,385	3,385
4,490	4,490	4,360	4,360	4,360	4,490	4,490	4,490	4,110	4,110	4,490	4,110	4,110
6.2 (59.1)	56.8 (59.0)	60.5 (60.0)	60.5	60.0	62.0 (61.5)	62.0	61.0	57.0 (56.5)	57.0	58.5 (58.0)	58.0 (57.5)	59.0 (58.5)
TR7000	TR7000	DT201										
—	—	MT201										
		230 × 4										
—	—	29:63=2.17										
		不等6分割サイリスタ連続位相制御、ブレーキチョッパ制御										
—	—	CS47	—	—	—	—	—	CS47	—	—	CS47	
ATC、渦電流併用電気指令式空気		ATC、チョッパ式発電併用電気指令式空気										
—	—	—	—	—	TM202	—	—	TM202	—	—	—	—
—	—	—	—	—	RS202	—	—	RS202	—	—	—	—
—	—	—	—	—	変圧器3次巻線 SC201			変圧器3次巻線 SC201			—	—
—	—	—	—	—	MH1068-TC1000A 1257 × 1			MH1068-TC1000A 1257 × 1			—	—
—	—	—	—	—	PS201			PS201			—	—
引戸(700)×2	片引戸(700)×1	片引戸(700)×2									片引戸(700)×1	片引戸(1,050)×2
AU25、AU24B、AU84 ×各1		AU63×2						AU82×2				
和洋×各1	—	和×2	和×2	和×2	—	—	—	和×2	和×2	—	和洋×各1	和洋×各1
1985年	1985年	1980年	1984年	1987年	1980年	1984年	1987年	1980/1983年	1980/1983年	1980/1983年	1980/1983年	1980/1983年
( ):9000番台 空調はAU24	( ):9000番台 空調はAU24				( ):5〜			( ):9〜及び 1000番台			( ):21〜	( ):21〜及び 1000番台	( ):21〜

		新幹線試験車			961 形					
形式		922	925	921	961	961	961	961	961	961
番台・車号		16	6	41	1	2	3	4	5	6
車体構造		普通鋼	アルミ					アルミ		
定員（座席同数）		—	—	—	—	—	—	—	—	—
座席形状		—	—	—	—	—	—	—	—	—
最大寸法	全長（mm）	25,150	25,150	17,500	25,150	25,000	25,000	25,000	25,000	25,150
	幅（mm）	3,383	3,385	3,383	3,385	3,385	3,385	3,385	3,385	3,385
	高さ（mm）	4,490	4,490	4,471	4,360	4,490	4,477	4,490	4,474	4,490
自重（t）		62.0 (59.0)	65.0 (58.0)	61.0	59.0	58.0	59.0	61.0	53.0	61.0
台車形式		DT200	DT9019/DT9020	TR8009A (TR8010A)	DT9013				DT9013/A	DT9013
主電動機 出力（kW）		MT200B 185 × 4	MT201X 230 × 4	—	MT920 275 × 4					
歯車比		29：63=2.17		—	29：63=2.17					
制御方式		低圧タップ切替、発電ブレーキ、総括制御	不等6分割サイリスタ連続位相制御、ブレーキチョッパ制御	—	不等5分割サイリスタ連続位相制御、ブレーキチョッパ制御					
制御装置		—	—	—	CS920	—	CS920	—	CS920	—
制動装置		ATC、SEAD 発電併用電磁直通	ATC、チョッパ式発電併用電気指令式空気	ATC、過電流併用電気指令式	ATC、チョッパ式発電併用電気指令式空気					
主変圧器		TM201	TM202X	—	—	TM920	—	TM920	—	TM920
主整流器		RS201	RS202X	—	—	RS920	—	RS920	—	RS920
電動発電装置 容量（kVA）		20 [—]	変圧器3次巻線	—	250 -200	—	250 -200	—	250 -200	—
電動空気圧縮機 容量（ℓ/min）		MH1041B-TC1000 1000 × 1	—	—	MH3920-TC1000A 1000 × 1	—	MH3920-TC1000A 1000 × 1	—	MH3920-TC1000A 1000 × 1	—
集電装置		PS200 系	PS201 系	—	PS201 系	—	PS201 系	—	PS201 系	—
ドア数		片引戸 (700) × 1	—	片引戸 (700) × 2	片引戸 (700) × 2	片引戸 (700) × 1	—	片引戸 (700) × 2	—	片引戸 (930) × 1
空調装置		AU56/AU57 × 4	AU81X × 1	—	AU62 × 1, AU94 × 2	AU94 × 2	AU94 × 2	AU94 × 2	AU94 × 2	AU62 × 1, AU94 × 2
トイレ		—	—	—	—	—	和 × 1	—	和 × 1	—
製造開始年		1974 年	1979 年	1980 年	1973 年	1973 年	1973 年	1973 年	1973 年	1973 年
備考		( )：26	( )：11 で 962-6 改造 (1983年)							

おわりに

　本書に掲載されているのは、1987（昭和62）年4月1日という世界の鉄道史上に残るあの日を支えた電車の数々である。国鉄の分割民営化から30年が経過し、いまは大多数が存在しないけれども、どの電車も国鉄末期、そしてJR発足という激動の時期を支えてきた。その働きにいまいちど感謝を捧げたい。

　公共企業体の国鉄はなぜ誕生し、いかにして消滅していったのかを一言で説明することは困難だ。しかし、広田尚敬氏の手による写真と坂正博氏の解説とに、ときには明瞭に、ときにはおぼろげに写し込まれている。本書が単なる電車の羅列でないことの証だ。

梅原　淳

　本書は、1970年代を中心に数度にわたって刊行され、長い間鉄道ファンのバイブルとなっていた、誠文堂新光社の「鉄道ガイドブック」シリーズの精神を受け継ぐ書籍として企画されました。今回、広田さんの鮮やかな形式写真と、坂さん、梅原さんの豊富な知識によって、期待通りの奥深い本ができあがったと感じています。

　最後になりましたが、40年ぶりとなる企画を推進してくださった誠文堂新光社の柳千絵編集長と、刊行を応援してくださった『国鉄電車ガイドブック』著者の浅原信彦さんに厚くお礼申し上げます。

栗原　景

広田尚敬（ひろた なおたか）

1935年、東京都生まれ。1歳からの鉄道少年。プロ写真家は24歳から。以来好きな鉄道を撮影し、2017年現在、82歳を迎えてもバリバリの現役。取り組む態度と人柄から「鉄道写真の神様」といわれ、信奉者多数。著書150冊以上。

坂　正博（さか まさひろ）

1949年、兵庫県生まれ。1978年『国鉄電車編成表』刊行とともにジェー・アール・アールに参画。2017年現在、交通新聞社刊行『JR電車編成表』『列車編成席番表』等の編集担当のほか、講談社『電車大集合1922点』等の鉄道書に従事。

梅原　淳（うめはら じゅん）

1965年、東京都生まれ。月刊「鉄道ファン」編集部などを経て2000年から鉄道ジャーナリストとして活動を開始する。『ココがスゴい新幹線の技術』（誠文堂新光社）など著書多数。講演やマスメディアへの出演も精力的に行っている。

栗原　景（くりはら かげり）

1971年、東京都生まれ。旅と鉄道、韓国をテーマとするフォトライター。9歳から全国の鉄道を1人で乗り歩き、国鉄時代を直接知る最後の世代。主な著書に『東海道新幹線の車窓は、こんなに面白い！』（東洋経済新報社）など。

●カバー・本文デザイン＝熊谷昭典（SPAIS）　高道正行　石橋泰介　●編集＝栗原　景　●校正＝佑文社

今、振り返る 国鉄時代ラストを飾る360形式

最後の国鉄電車ガイドブック　NDC686

2017年 8月15日　発　行
2017年12月 5日　第 3 刷

著　者　広田尚敬・坂 正博・梅原 淳・栗原 景
発行者　小川雄一
発行所　株式会社 誠文堂新光社
　　　　〒113-0033 東京都文京区本郷 3-3-11
　　　　（編集）電話 03-5800-7762
　　　　（販売）電話 03-5800-5780
　　　　http://www.seibundo-shinkosha.net/
印刷・製本　株式会社大熊整美堂

©2017, Naotaka Hirota, Masahiro Saka, Jun Umehara, Kageri Kurihara

Printed in Japan　検印省略
本書記載の記事の無断転用を禁じます。
万一落丁・乱丁の場合はお取り替えいたします。

本書のコピー、スキャン、デジタル化等の無断複製は、著作権法上での例外を除き、禁じられています。本書を代行業者等の第三者に依頼してスキャンやデジタル化することは、たとえ個人や家庭内での利用であっても著作権法上認められません。

JCOPY　＜(社)出版者著作権管理機構 委託出版物＞
本書を無断で複製複写（コピー）することは、著作権法上での例外を除き、禁じられています。本書をコピーされる場合は、そのつど事前に、(社)出版者著作権管理機構（電話 03-3513-6969 ／ FAX 03-3513-6979 ／ e-mail:info@jcopy.or.jp）の許諾を得てください。

ISBN978-4-416-61731-1